谨以此书

献给我的父母和童年

大山雀的博物旅行

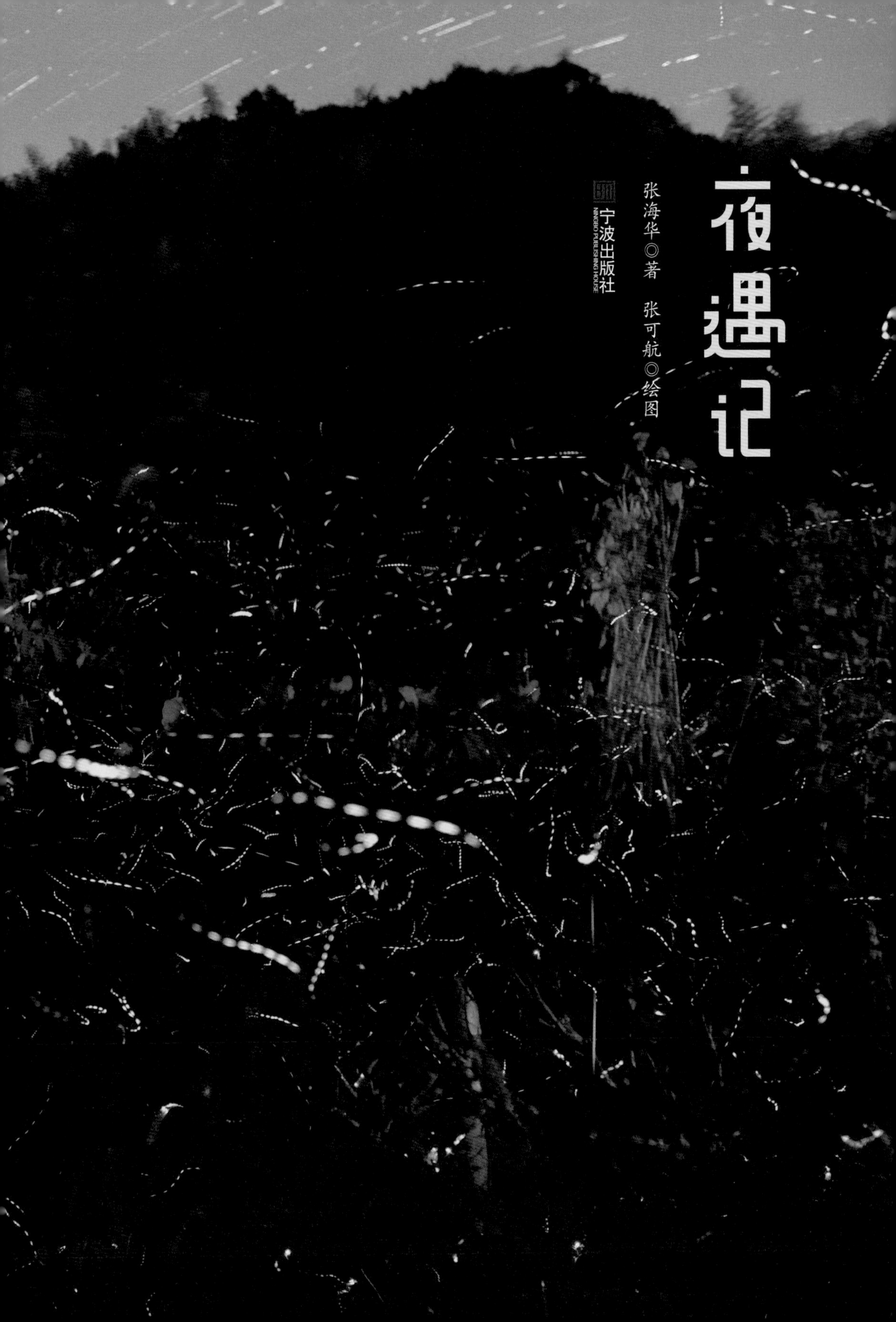
夜遇记
张海华◎著
张可航◎绘图
宁波出版社
NINGBO PUBLISHING HOUSE

作 / 者 / 简 / 介

张海华，自然名“大山雀”，男，70后。新闻记者、自然摄影师，宁波市野生动物保护协会副会长。本科毕业于中山大学哲学系，研究生毕业于复旦大学中文系，文学硕士。有10余年野外摄影经验，业余主要致力于宁波及浙江的野生鸟类、两栖爬行动物、野花、野果、昆虫等方面的拍摄；近年来同时致力于自然文学的创作。自2015年11月起，在《宁波晚报》开设《大山雀的博物旅行》专栏，并长期为国内多家报刊供稿。从2016年6月至今，在宁波市图书馆开设“大山雀自然学堂”，每月一期，与市民分享自然的故事。2017年11月，张海华所著的《云中的风铃：宁波野鸟传奇》出版，这是宁波历史上第一部介绍本地鸟类的科普著作。

自 序

白天不懂夜的美

2018年的一个夏夜，我带孩子们行走于四明山脚下的荒野，夜探蛙类与昆虫。活动快结束时，我让大家关闭手电与头灯，静静地等眼睛适应黑暗。然后，仰望天空，乃见点点繁星从幽深的夜幕中逐渐闪现；而脚下的草丛中，这里那里，萤火虫的幼虫发出碧绿的微光，好似珠玉散落其间，熠熠生辉。

我跟孩子们说，嘘！都不要说话，让我们不妨暂时告别城市的灯光，去感受黑夜的奇妙。是的，黑夜有时让人安宁，有时让人恐惧，但谁也没法否认，黑夜里的丰富与神奇，恐怕远胜于白日。

写这本以“夜探自然”为主题的书，很重要的一个目的，就是想揭开黑夜之幕的小小一角，让一些大家平时不太关注的喜欢夜间活动的小精灵也能“登台亮相”，彼此之间消除一些因不了解而产生的误会，甚至也能“交个朋友”。

本书的主角，以蛙、蛇等两栖爬行动物（以下简称“两爬”）为主，兼顾一些昆虫和小型哺乳动物。具体分为三部分：一、“稻香蛙鸣”，重点讲的是在宁波有分布的30种两栖动物，其中包括无尾目（即通常所说的蛙、蟾）25种与有尾目（即蝾螈之类）5种，这实际上已经包括了华东地区多数常见两栖物种；二、“冷艳蛇影”，主要讲我所遇到过的浙江的一些常见蛇类；三、“熠耀宵行”，这一部分属于夜探杂记，涉及多类型的物种，而重点内容在于萤火虫的故事，以及夜探西双版纳热带雨林的故事和夜探台湾生态的故事。

一提到两爬，有的人恐怕就会联想到“黏滑、阴湿、可怕、有毒”等词语；也有人一看到蛇的图片，就会引起心理乃至生理上的不适。我想，其实这些都是人们不了解它们所导致的误会。这本《夜遇记》，叙述方式跟去年出版的我的“鸟书”(《云中的风铃：宁波野鸟传奇》)一样，也是以故事的形式，讲述我在夜探过程中与那些“夜精灵”相遇的故事，有的有趣，有的惊险，也有的很搞笑。总之，我想尽最大努力,还原这些动物的本来面貌,特别是它们为生存而做出的努力。“万物有灵且美”，我在鸟类身上看到了这一点，在蛙、蛇、虫、兽那里，也同样感受到了。

很多人曾好奇地问我：大山雀，你不是个“鸟人”吗？怎么写起青蛙、毒蛇来了？晚上独自进山，你难道不害怕吗？听说你还带女儿夜探……

好吧，下面，我就讲讲自己从“鸟人”变为“蛙人”的故事，试图逐一解答上述提问。

我从 2005 年开始关注、拍摄野生鸟类，到 2012 年前后，已经把宁波有分布的绝大多数鸟儿都拍到了。于是，我决定探索与拍摄新的领域。这一次，我把目光转向了宁波的两栖爬行动物。如果说当年喜欢上拍鸟实属偶然，而这次转向，则是主动选择的结果。

至于为什么选择夜拍两爬，很大一部分原因，是出于对连绵、深邃的四明山的好奇。我想，这么多的山峰、悬崖、峡谷、溪流，如此丰茂的植被，一定能孕育非常多样的野生动物。至少，山区溪流中一定有很多特别的蛙类，这些蛙类是我老家所没有的，这是一个不为人知的神秘世界。

我老家浙江海宁处在平原水乡，虽说河网密布，但几乎没有山，零星的几个小山包，形成不了峡谷，因此我自幼在家乡从未见过溪流。离开大学的围墙，到宁波工作后，第一次目睹一眼望不到头的群山，看到欢腾的清澈溪水，心中除了欢喜，还有无尽的好奇。

从拍鸟到拍蛙，对我来说是很大的挑战，因为这是两种完全不同的拍摄方法——简言之，是从"大炮（超望远镜头）时代"转到夜晚的微距摄影时代。拍鸟，多数时候，是在白天扛着"大炮"仰望天空与树梢，寻找那灵动迅捷的飞羽；拍蛙，却得在漆黑的夜晚，戴着头灯，拿着手电，进山搜寻各种蛙蛇，使用微距镜头，依靠闪光灯等人工光源来拍摄。就特性而言，前者很亮、很远、很高，后者是很黑、很近、很低。总之，探寻方式、观察视角、拍摄手法等都完全不一样。

夜拍与观鸟、拍鸟相比，当时还存在一个很大的不同，即在关于拍摄对象的背景知识的获得方面，两者存在很大的难易差异。2006年，我加入浙江野鸟会，正式成为一个"鸟人"时，国内早已出版了被称为"观鸟圣经"的《中国鸟类野外手册》。这本优质、全面的图鉴为初学者提供了强大的支持。同时，省内已经有浙江野鸟会这样的由观鸟、拍鸟爱好者组成的协会，有浙江自然博物馆的网上观鸟论坛，我如果拍到了自己无法辨识的鸟，只要将照片发到论坛上向高手请教，通常很快就能知晓答案。一来一去，既增加了观鸟、拍鸟、认鸟等经验，也认识了很多志同道合的朋友，可谓一举多得。

但是，在2012年夏天我开始寻找、拍摄宁波蛙类时，根本找不到一本合适的图鉴。要知道，《中国两栖动物及其分布彩色图鉴》是2012年12月才出版的。这是国内第一本全面介绍中国两栖动物的巨著，我于比较晚的时间才得知信息，然后买了这本工具书（注：本书中提到的两栖动物的名字，以此书为准），时常翻阅。起初，我能找到的关于本地蛙类的唯一资料是宁波市林业局的一份关于本地野生动物资源的调查报告，我记得该报告列出的宁波的蛙类有十六七种。但这份资料中除了一份关于这些蛙类的名单，并无相应的图片、描述可供辨识与认知。至于同好者，那时更是稀少（相对而言，在2012年，国内的“鸟人”数量已经激增，到处都可以看到扛着“大炮”拍鸟的人）。是啊，有几个人愿意经常晚上进山拍蛙、拍蛇呀？这太另类了。因此，那时候，无论是寻蛙还是认蛙，都难以找到合适的同伴或老师——特别是能经常一起进山夜拍的伙伴。

但不管怎样，先做起来再说！对我来说，探索本身就是一种乐趣。既然没有多少可以参考的现成经验，我就采用最“笨”的方法——从自己比较熟悉的溪流开始，在白天踩点的基础上，由近及远，逐条溪流进行夜探，在四五年间，足迹涉及海曙、鄞州、奉化、余姚、宁海等县（市）区的山野。从低地峡谷到高山梯田，只要有机会，我都去夜探，果然在不同的地域与环境中发现了不同的蛙类，并拍到了多种属于宁波境内新分布记录的蛙类，甚至个别物种被专家证实是未曾发表过的全球新物种！自豪之情，可谓油然而生。我一直觉得，发现的乐趣，远甚于拍到一张好照片。

在“鸟书”的《自序》里，我曾说：“我的博物之旅，从本质上说就是一场‘回归童年的旅行’，是向童年的致敬。”观鸟、拍鸟是这样，而寻蛙、找蛇之类的夜探活动，可谓尤甚。本书提到了大量的我的童年故事，可以说，没有童年时代类似的抓蛙捉蛇的经历，以及听过的关于它们的或有趣或离奇的传说，我恐怕就不会有那么强的好奇心，以至在接近“不惑之年”时狂热地爱上夜探自然。另外，必须说明的是，在本书的写作过程中，我多次当面或打电话向在老家的父母请教。我跟妹妹笑说，我们爸妈是两位“乡土博物学家”，有些动物的俗名、故事，他们比我们清楚得多。

连我女儿航航都受到了很大影响。从2013年（那一年，女儿11岁）夏天开始，航航多次跟我于夜间进山，不仅实地观察过很多种蛙，还近距离见过竹叶青蛇、原矛头蝮、银环蛇等毒蛇。2015年夏天，浙江喜欢两爬摄影的一帮人相约去德清的莫干山夜拍，我也带女儿参加了。那天晚上，省林业厅的专业调查两爬的高手王聿凡表扬航航：一个小女孩居然能在夜间山区溪流中行走自如，完全跟得上大家，真不简单！后来，航航就经常为我夜拍客串“灯光助理”一职。

也正因为在野外看蛙的经历比较多，航航说，自己画蛙的“手感”比画鸟要好一点。这次，航航为这本《夜遇记》画了几十幅图，包括宁波全部的25种野生蛙类，以及蝾螈、蛇类、昆虫等。

我的“鸟书”的封面采用了女儿手绘的鸟类图，广大读者对这一设计非常喜欢，很多人跟我说：大山雀，在你下一本书中，我们希望看到更多航航的画。现在，我可以很欣慰地说，大家的这个心愿可以实现了。

最后还有一个问题：野外夜探，难道不害怕吗？我的回答是，怕呀，能不怕吗？不信，大家读书中的《夜探囧事》一文就知道了。但回过头来说，怕得多了，也就不那么怕了。

我曾关了灯，独坐在深山的溪流中。在无边的暗夜里，唯有头顶的星星，如宝石般发着光。水奔过怪岩急滩，潺潺有声；风吹过树杪竹梢，簌簌作响。蛙鸣叽啾，虫音吱吱，我仿佛也已化身为一只蛙、一只虫，和它们了无差别，共享这个安宁的夏夜。

我也曾于三五之夜，独行于古道。月光银白，澄澈如水，层林为之尽染。想起明代张大复的文字：

邵茂齐有言：“天上月色，能移世界。”……种种常见之物，月照之则深，蒙之则净……以至河山大地，邈若皇古；犬吠松涛，远于岩谷；草生木长，闲如坐卧；人在月下，亦尝忘我之为我也。

是啊，月照山林，仿佛“抹平”了所有不同，一切回到远古洪荒时代，一切回到起点。我承认，月夜独自行走于山中时，我没有张大复那样洒脱，心中会泛起一丝恐惧。我由此自知还是个俗人，终究不能脱离当下的现实世界。

但我想，我们都是大自然的孩子，对于神秘而无限的大自然，无论是爱，是敬，还是畏，都是再正常不过的事。唯有永远保持宝贵的好奇心，去探索、了解、关注万物，我们才会真正懂得如何尊重自然，逐渐明白“众生平等”的奥义。

是为序。

张海华

2018 年 8 月 13 日

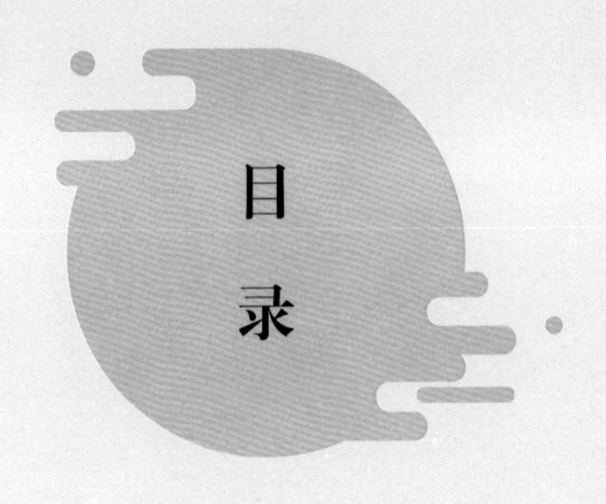

目录

001 自序：白天不懂夜的美

稻香蛙鸣

003 蛤蟆与田鸡
011 癞蛤蟆的春天
021 夏夜山中的“掌声”
027 雨蛙的季节
035 迷你姬蛙
044 臭蛙不臭
055 急流湍蛙
065 “山珍”石蛙
075 角蟾之谜
082 日湖公园奇妙夜
089 巧遇弹琴蛙
096 “捡”来的大头蛙
102 寻“胡子蛙”不遇
108 国宝“娃娃鱼”
120 宁波蛙类速览

冷艳蛇影

137 你好，小青
147 狭路相逢五步蛇
154 真假银环蛇
160 赤链蛇午夜大战癞蛤蟆
168 烙铁头惊魂
177 蛇类惊奇
189 远去的蛇影

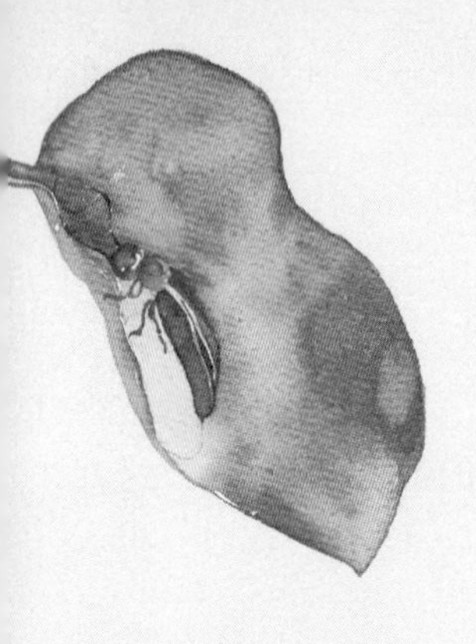

熠耀宵行

199 寻找“诗萤”的旅程之一：发光的树
206 寻找“诗萤”的旅程之二：夏夜微光
219 寻找“诗萤”的旅程之三：秋萤为伴
226 寻找“诗萤”的旅程之四：熠耀夜萤飞　千载有余情
236 有所不知“刺儿球”
243 夜遇豹猫
249 金蝉夜脱壳
256 童年、黄鳝及其他
262 夜行杂记
273 夜探西双版纳热带雨林之一：雨林奇遇记
281 夜探西双版纳热带雨林之二：黑蹼树蛙的爱情故事
288 夜探西双版纳热带雨林之三：水蛙的歌声
297 夜探台湾生态之旅
311 夜拍囧事
318 夜拍怎么玩

326 后　记

稻香蛙鸣

蛤蟆与田鸡

“稻花香里说丰年，听取蛙声一片。”这是宋代辛弃疾的《西江月·夜行黄沙道中》中的名句，当时作者因被贬官而在江西闲居。那么，这里的蛙声，会是什么蛙的鸣叫呢？

这并不是一个故意刁难人的问题。如果熟悉江南常见蛙类，这问题其实非常简单。这首词里已经提供了足够的关于物种的信息：夏夜，在江西上饶的稻田中，蛙声多而且响亮。符合这些条件的蛙，按照我老家海宁的土话来说，主要就两类：蛤蟆与田鸡。

童年记忆：青蛙的大合唱

在我老家，蛙类被分为 3 种：小而灰的叫蛤蟆，大而皮肤粗糙的叫癞施（即癞蛤蟆），大而皮肤相对光洁的叫田鸡。这个分类法跟宁波略有不同。在宁波话里，“癞施”泛指各种蛙，而“喷火癞施”“癞蛤蚆”或“蛤蚆癞施”才特指癞蛤蟆。

海宁处在杭嘉湖平原上，河网密布、阡陌纵横。幼时，我家东边不远处就是水田。春夏时节，常在半梦半醒的清晨，听到阵阵蛙鸣传来。这“呱呱”的大合唱，在童年时或许还会觉得有点扰人清梦，而现在想听也难以听到了。

农忙时节，我们孩子也会下田帮助父母做点力所能及的事。犹记得，我拎着秧苗，赤足走在窄窄的田埂上，边走边看着一只只小蛤蟆相继跳到水田里。等我走过，小家伙们又会慢慢回到田埂上蹲坐着，有的还会继续鼓着腮帮子起劲唱歌，只见两个白色的泡泡在它下巴两边一鼓一鼓的，就像我们吹泡泡糖一般，十分有趣。

那个时候，蛤蟆是水田里最多的蛙。钓蛤蟆，则是我小时候常干的一件事。这钓法极为简单，但现在想起来未免过于残忍。不用蚯蚓，也不需要鱼钩，只要就地用手拍住一只蛤蟆，扯下它的一条后腿，用线系住，把线的另一端系在竹竿上，这工具就算是做好了。然后，拿着这简陋的钓具，在田野里乱走，看到一只蛤蟆，就将拴在线上的蛤蟆腿在它眼前轻轻地抖动。蛤蟆对静止的物体是无视的，但一发现眼前晃动的小东西，就会以为是昆虫之类，立即张嘴猛扑过去。可怜这贪嘴的小家伙，直到我拎起钓竿，它还紧紧咬着蛤蟆腿不放呢！于是，随即被我放入了塑料袋中。一个上午可以钓到很多蛤蟆，回家后，将它们全倒在养着鸡鸭的院子里，那些家禽顿时飞奔过来，拼命抢食，顷刻便吃光了。不过，有一次我拿这系在线上的蛤蟆腿在一个泥洞口乱晃，突然有一长条形的东西从洞里蹿了出来，一口将蛤蟆腿吞住。我的天哪，我竟然钓到了一条蛇！这情景给我留下的印象太深刻了，迄今仍记得清清楚楚。

至于田鸡，白天在水田里看到的概率就小很多。我倒总是记得，小时候在桑树地旁的河边走，常有东西从茂密的草丛中跃起，“扑通！”很响的一声，跳入河中。我知道，那一定是一只大田鸡。可惜，每次我都只闻其声而不见其蛙。

夜探公园，再遇童年“小伙伴”

说了这么多，辛弃疾这首词里的谜底还没揭开——这蛤蟆与田鸡

虽然体色、斑纹不同，但它们都是泽陆蛙

到底是什么呀？大家不要急，不是我故意卖关子，只因我是在讲述童年故事，而我小时候确实叫不出它们的大名，只知道蛤蟆与田鸡。不仅我们小孩子不知道，父母与老师也不知道。所以我一直很好奇，它们到底叫什么呢？

直到最近几年我喜欢上夜探自然，这童年的谜团才终于解开。

在国内有些地方，蛤蟆可能指好多种蛙，但在我老家，蛤蟆就是指一种蛙，即泽陆蛙；而田鸡，我也是夜拍后才知道，其实分为两种，即金线侧褶蛙与黑斑侧褶蛙。这些蛙都是江南稻田区域的常见蛙类，且善鸣，因此辛弃疾的“听取蛙声一片”，所听到的主要就是这三种蛙的鸣叫。当然，在不少地方，像小弧斑姬蛙、饰纹姬蛙等蛙类也会在水田中高声鸣叫。

童年转瞬即逝，读大学、工作……一晃20多年过去，记忆中的蛙鸣也渐渐远去，原本以为不会再听到，没想到“老夫聊发少年狂”，快40岁的时候，突然间想重新探寻青蛙的秘密世界。起初，大概是2012年前后吧，常到绿岛公

泽陆蛙

园夜探。这个公园的前身是姚江动物园，树木茂密，有几个小池塘，我经常白天去那里拍鸟。没想到，在一个初夏的夜晚，刚走到园中的一个小水塘旁，就听到阵阵响亮的蛙鸣。打着手电蹑手蹑脚过去，一看，好几只蛤蟆——即泽陆蛙——分散在附近，正鼓着声囊大声鸣叫。这些都是雄蛙，卖力鸣叫自然是为了求偶。

泽陆蛙在中国分布很广，昼夜都出来觅食。其适应能力较强，既出现在水域内，也能在离水较远的旱地草丛中活动，因此也是最容易见到的蛙类之一。相信很多人都见过它，但未必仔细观察过它。这是一种体长四五厘米的小蛙，背部颜色通常跟泥土差不多，以灰色或灰绿色打底，但有的多绿色或红色斑纹，也有的个体具有贯穿背部的绿色或灰白色的中线。仔细看，泽陆蛙的背部有数行长短不一的凸起的阿拉伯数字“1”——专业的说法叫“纵肤褶”。

当时的绿岛公园里也有不少金线侧褶蛙，白天去偶尔也能看到。有一次我去那里拍鸟，累了，坐在池塘边休息，忽见一只金线侧褶蛙从绿色的浮萍中探出一个脑袋，非常安静，长时间保持不动。后来我站起来，刚想俯身细看，它便机敏地一缩头，潜入水中不见了。还有一次晚上去日湖公园，看到不少金线侧褶蛙趴在睡莲的叶子上，伺机

隐藏在浮萍中的金线侧褶蛙，你能一眼发现吗

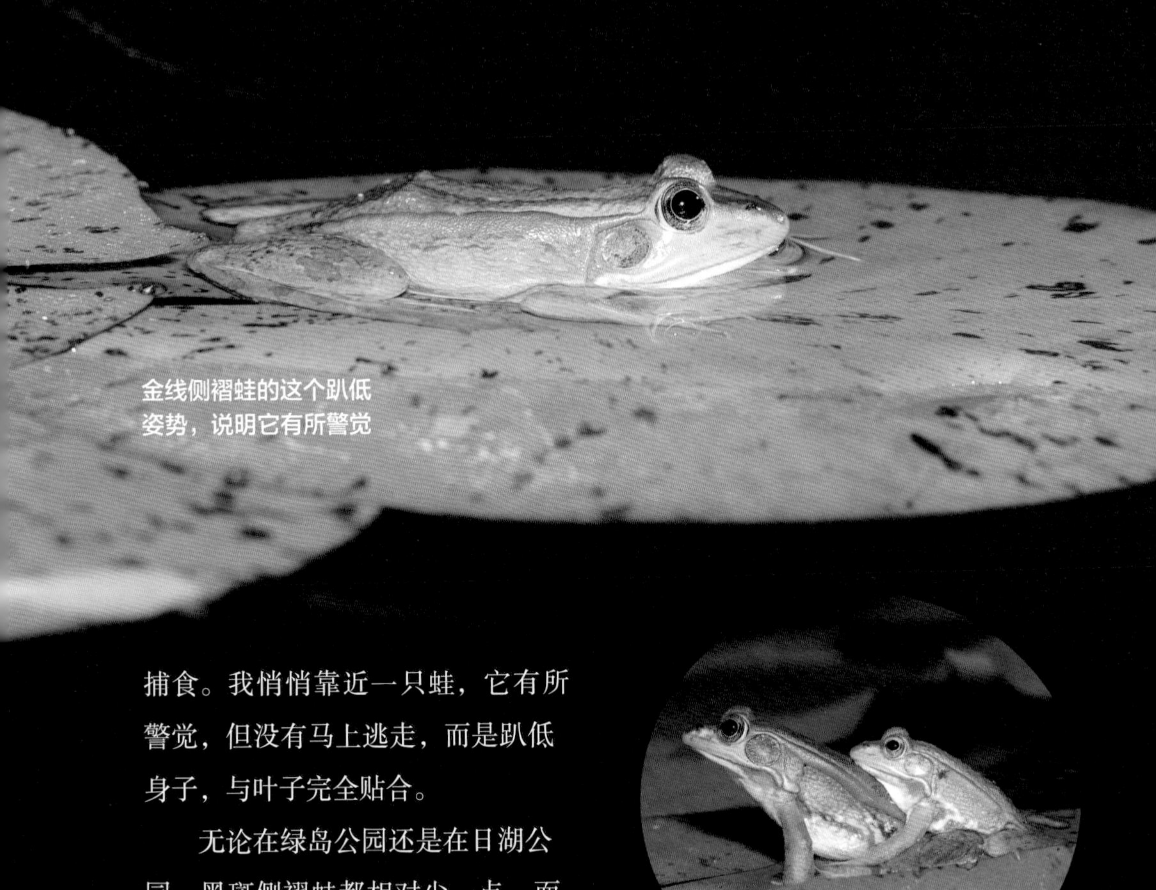

金线侧褶蛙的这个趴低姿势，说明它有所警觉

捕食。我悄悄靠近一只蛙，它有所警觉，但没有马上逃走，而是趴低身子，与叶子完全贴合。

无论在绿岛公园还是在日湖公园，黑斑侧褶蛙都相对少一点，而且它们非常警觉，几乎见人就跑。我曾经在绿岛公园的池塘边见到一只黑斑侧褶蛙，它头部朝着水面。我刚走近，它就飞身起跳，跃出一米多远，“扑通”一声跳入水中。这“立定跳远”的高超本事，确实让人佩服。童年时一直只听见声音而没见到的“田鸡跳水”场景，这回终于让我看清楚了。

抱对的金线侧褶蛙

草深何处听鸣蛙

金线侧褶蛙与黑斑侧褶蛙这两种蛙，最符合人们通常所说的青蛙的形象：它们的体色多以绿色为基调，体形中等大小，分布广。黑斑侧褶蛙雄蛙的叫声很响亮，接近常用来描述蛙鸣的“呱呱”声。同样

黑斑侧褶蛙的“外套”也很多变

是为了吸引雌蛙，金线侧褶蛙雄蛙似乎要害羞一些，其叫声的音量较低，类似于小鸡的“叽、叽”声。

两种蛙的身体两侧都各有一条隆起的皱褶，此即所谓“背侧褶”，故名“侧褶蛙”。说起金线侧褶蛙与黑斑侧褶蛙的区别，有时还真让人犯迷糊。我个人感觉，以它们的背侧褶的不同来区分更为直观一些：这两种蛙的背侧褶都很明显，但金线侧褶蛙的棕黄色的背侧褶（或许这便是其名字中“金线”的来源）更加粗厚，而且不均匀，即局部会显得尤其粗厚；黑斑侧褶蛙的体色极为多变，蓝绿、暗绿、黄绿、灰褐等均有，背侧褶相对较细且整条褶的宽窄程度比较均匀，背侧褶颜色通常跟体色一致，很多变。我在宁波所见的多数黑斑侧褶蛙的背部中央还有一条淡绿色的中脊线。

但为什么称这两种蛙为“田鸡”？有人说，是因为它们的肉比鸡肉还要鲜嫩；也有人说，这些蛙善于在田里捕食害虫，就像鸡喜欢吃虫一样。但从现实来看，意识到后一个理由的人显然少于前者。君不见，每到春夏时节，在一些菜场的外面，总有人在偷偷摸摸卖田鸡。

蛤蟆与田鸡都曾是江南水田、小河、

池塘环境中的最常见蛙类。如今，以我老家为例，泽陆蛙、金线侧褶蛙的数量虽说比我童年时少了不少，但总体种群数量还行，而黑斑侧褶蛙的生存前景就没有这么乐观了。由于栖息地环境的破坏（比如水田变成建设用地，还有农药的大量使用），以及被大量捕捉食用，国内的黑斑侧褶蛙的种群数量在近些年可谓锐减，在野外越来越罕见。真担心，不用多少年，这种原先最常见的蛙也会不幸成为濒危物种之一。

先不说蛙类在生态链中的重要作用，且让我们体会一下蛙鸣在古人笔下的诗意吧：

> 雨后逢行鹭，更深听远蛙。（唐·贾岛《郊居即事》）
> 水满有时观下鹭，草深无处不鸣蛙。（宋·陆游《幽居初夏》）
> 怪来一夜蛙声歇，又作东风十日寒。（宋·吴涛《绝句》）

真的太多了，举不胜举。

鸟鸣、蝉鸣、蛙鸣……都是寄托着乡愁的天籁呦，愿它们不要远去。

癞蛤蟆的春天

有一种常见动物，在不同的语境中，居然可以分别代表丑陋与美丽、肮脏与清亮、卑贱与富贵……这是什么呢?

或许有的人已经猜出来了，对，就是蟾蜍，俗称癞蛤蟆。俗话所谓“癞蛤蟆想吃天鹅肉”，常用来嘲讽丑陋卑贱之人竟妄想娶“白富美”为妻。与之相映成趣的是，在古代，蟾蜍又可代指月亮。在科举时代，成语“蟾宫折桂”是指高中进士，富贵在望。蟾宫者，月宫也。

蟾蜍的奇特之处还不在于此。1月，正值数九寒冬，但对很多蟾蜍来说，却是爱的季节，仿佛春天已经提前来了。

燕婉之求，得此蛤蟆

先来看看蟾蜍自古以来所负之恶名。《诗经·邶风·新台》是一首著名的讽刺诗，全诗如下：

> 新台有泚，河水弥弥。燕婉之求，籧篨不鲜。
>
> 新台有洒，河水浼浼。燕婉之求，籧篨不殄。
>
> 鱼网之设，鸿则离之。燕婉之求，得此戚施。

早早出蛰的中华蟾蜍，旁边是 2 月开花的宽叶老鸦瓣

这首诗的用意，是挖苦卫宣公这个荒唐的国君。他为儿子聘齐女为妻，后来知道新娘子是个大美人，竟改变主意，在黄河边上筑新台，把新娘截留下来，霸为己有。诗的大意是：雄伟的新台矗立于黄河岸边，河水滔滔奔流而去，本想嫁个温柔美少年，谁知被丑恶如癞蛤蟆的糟老头霸占了。

尽管对诗意的基本理解无甚差别，但古今学者对诗中名词具体含义的理解还是有所不同。宋代大儒朱熹在《诗集传》中解释："籧篨（音同"渠除"）本竹席之名"，（卷起来后）"其状如人之臃肿而不能俯者"；而"戚施"是指"不能仰"，两者均为"丑疾"也。按照现代说法，"籧篨"即"鸡胸病患者"，而"戚施"乃是"驼背者"，都是貌丑之人。如汉代桓宽《盐铁论·殊路》中云："故良师不能饰戚施，香泽不能化嫫母也。"

也有不少古代学者认为"戚施"是蟾蜍的别名。如明朝李时珍《本草纲目》在"蟾蜍"条目下引证古书："《韩诗》注云：戚施，蟾蜍也。"

朱熹认为："鸿，雁之大者。"近代学者马持盈在其《诗经今注今译》中认为："鱼网之设，鸿则离（离，同"罹"，陷入也）之。燕婉之求，得此戚施"这两句诗译成大白话就是，飞鸿不幸落入罗网，就像美少女被癞蛤蟆强占。按照此解，或许"癞蛤蟆想吃天鹅肉"的说法最早就来源于此。

不过，我觉得把"鸿"理解为大雁或天鹅，其实颇为勉强：首先，渔网通常在水下，一般很难捕获在水面游弋的鸿雁；其次，就算它能缠绕、绊住水鸟，那么按照通常理解——诚如朱熹自己所说，"鱼网之设，鸿则离之"句是在"起兴"——既然得到了鸿雁，那么从女方的角度说应该惊喜才对，可下一句怎么又说"燕婉之求，得此戚施"呢？

余冠英、程俊英、周振甫等现代不少研究《诗经》的名家认为，"籧篨""鸿"与"戚施"均是指癞蛤蟆。其中，与传统注解最主要的差别在于，不再把"鸿"解释为鸟名。上述学者都采纳了闻一多《诗经通义》中的说法，即认为"鸿"是"䗫"的假借字。䗫（音同"龙"）即苦䗫，也是蟾蜍的民间俗称之一。闻一多认为，《诗经》中凡提到鱼的，均和性、婚姻有关，那么"鱼网之设，鸿则离之"句的意思就是说：渔网没有捕到鱼，而是网住了癞蛤蟆，就像嫁人没有嫁到美少年，而是嫁给了糟老头。这样一来，上下文就很顺了。

玉蟾金蟾，吉祥如意

不过，就像本文开头所说的，蟾蜍还有表示美好的一面，并被赋予了种种借指月亮的美称：玉蟾、冰蟾、蟾轮、蟾钩、蟾宫、蟾窟等。

夜晚到溪流中捕食的中华蟾蜍

相关的古诗文不胜枚举：

> 四郊阴霭散，开户半蟾生。万里舒霜合，一条江练横。（唐·李白《雨后望月》）
>
> 天上秋期近，人间月影清。入河蟾不没，捣药兔长生。（唐·杜甫《月》）
>
> 闽国扬帆去，蟾蜍亏复团。秋风生渭水，落叶满长安。（唐·贾岛《忆江上吴处士》）
>
> 海天悠、问冰蟾何处涌？（明·汤显祖《牡丹亭》）

那么，丑陋的癞蛤蟆又为何摇身一变，成为冰清玉洁的月亮女神了呢？这个也是说来话长。我梳理了一下各种说法，原因主要有两点：一、月球环形山的部分阴影状如蟾蜍，引古人遐想，遂附会为传说；二、与上古母系社会的生殖崇拜有关——因为蟾蜍产卵极多，生殖能力极强，而月亮为阴，也是女性的象征。到后来，嫦娥与蟾蜍竟能互相“变身”了。如西汉淮南王刘安所著《淮南子》中说：“羿请不死之药于西王母，羿妻姮娥窃之奔月，托身于月，是为蟾蜍，而为月精。”

在古人眼里，蟾蜍不仅是作为月亮代称的玉蟾，还是可致富的金蟾。金蟾，又称三足金蟾，被认为是吉祥之物，与之有关的民间传说非常多，如“刘海戏金蟾”等。直到现在，还有许多人喜欢在室内摆放金蟾，寓招财进宝之意。

“蛤蚆癞施”会“喷火”

那么，现实中的蟾蜍到底是一种什么样的物种呢？我相信，绝大部分人其实对它们并不十分了解。蟾蜍，规范的中文名其实相当“霸气”，叫中华蟾蜍。由于体形较大，也叫中华大蟾蜍，在国内广布。它们白天不活跃，通常潜伏在土穴、石缝或草丛中，黄昏后出来觅食。

我去四明山拍蛙的时候，确实发现，白天难得见到蟾蜍，而入夜后，溪边蟾蜍的数量明显增多。

有趣的是，从宁波话对蟾蜍的称谓，就可以了解其特性。宁波人对蛙类有一个统称,其读音为“癞施”,而“癞蛤虲”“蛤虲癞施”或“喷火癞施”则特指癞蛤蟆。“癞蛤虲”的意思，是说其皮肤粗糙。多数蛙类皮肤很薄，必须保持湿润才能生存，因此必须在水里或离水源很近的地方生活，而中华蟾蜍的皮肤粗厚，因此其活动范围明显扩大。一般来说，除冬眠与繁殖期会在水中外（注：蟾蜍的冬眠除潜入水底外，也有的是躲在土穴或石洞中），蟾蜍通常在阴湿的陆地上生活，很少入水。不过凡事都有例外，夏天我在日湖公园内的小型湿地中看到，晚上有很多蟾蜍蹲守在睡莲叶面上，一受惊就跳入水中，潜到水下游走。

至于称之为“喷火癞施”，实际上是因为蟾蜍的耳后具有毒腺，在受惊扰时它可以分泌出有毒黏液，接触后会对人的皮肤、眼睛、口腔等造成明显刺激，产生灼伤感。这种毒液名叫“蟾酥”，可以制药。小时候在乡下，大人常会警告我们小孩子：不要去抓癞蛤蟆，小心它喷毒弄瞎眼睛！

近几年在拍两栖动物的时候，我有时也会童心大发，试图拿小树枝等物“挑逗”一下蟾蜍，却从未见到它们喷射毒液，而通常是尽快逃走。偶尔也有少数强悍者，会用四肢将自己高高撑起，使自己变得高大，以示警告。

中华蟾蜍：我高大威猛不?

腊月“结婚”，两栖勇者

最令我惊奇的，是蟾蜍的繁殖习性。严格来说，中华蟾蜍应该只有“秋眠”而没有冬眠。在宁波，9月、10月以后，它们就慢慢消失，在水中或松软的泥沙中蛰伏起来。到了最冷的一二月份，它们反而出蛰了，为的是举办“婚礼”。这是一种不惧寒冷的强悍的两栖动物。

有一年的1月8日，在四明山的一个池塘旁，我看到，水草间有一只黄色的雄蟾紧紧抱着一只黑色的雌蟾——这便是蛙类的“抱对”繁殖行为，它们是体外受精的。我还同时看到了其他蟾蜍已经产下的卵——这些卵不是圆圆的一团，而是成行排列于透明的管状卵带内。捞起卵带来一看，宛如一串极长的黑珍珠项链。2月，同一个池塘旁，在树底下的落叶层里，五六只蟾蜍滚雪球一般“扭斗”成一团——原来是多只雄

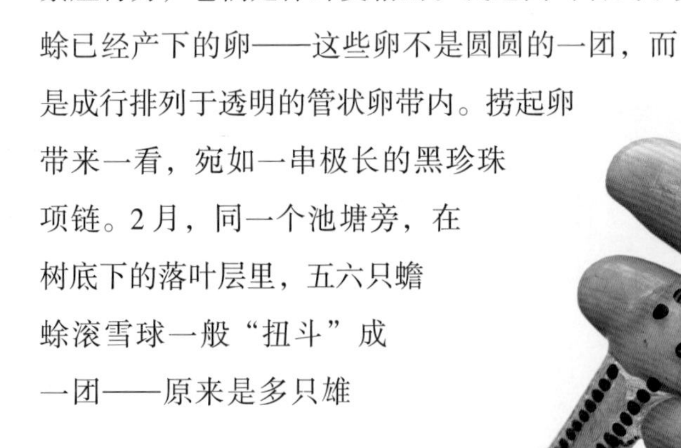

“黑珍珠项链”？中华蟾蜍的卵带

早春出现的黑色小蝌蚪，基本都是中华蟾蜍的蝌蚪

蟾在争抢一只雌蟾。

专业书籍上说，一对蟾蜍一年可以产下2700～8000枚卵。到了3月，池塘里便到处都是小蝌蚪，黑压压的一大片。小朋友在早春捞到的黑色小蝌蚪，基本都是癞蛤蟆的蝌蚪。不过，这么多蝌蚪，最终能存活下来、变态为成体的，实在是寥寥无几。因此，有人开玩笑说，真的应该向每一只活下来的癞蛤蟆致敬，因为它绝对是适应严酷环境、战胜无数艰难的强者。

蟾蜍的强悍不止于此。蟾蜍通常以昆虫、蚯蚓、蜗牛等为食，但有时竟会吃蛇，我在专业图鉴上见到过蟾蜍吞蛇的照片。另外，金庸在武侠小说《射雕英雄传》中提到欧阳锋练习蛤蟆功后，变得无人能敌，没想到，我竟能在现实中见识到蟾蜍的“蛤蟆功”。2017年6月的一个晚上，在日湖公园，一条赤链蛇试图从头部开始吞下一只蟾蜍，谁知蟾蜍“运功”将自己鼓胀起来，导致蛇用了几个小时都没法将到嘴的猎物吞下，最后只好放弃。（详见《赤链蛇午夜大战蟾蜍》）

讲完了关于癞蛤蟆的复杂的“传奇”故事，我得再感慨一句：别说不能“以貌取人”，连“以貌取蛙”都不行呢！

冬天“结婚”的两栖动物

在宁波，中华蟾蜍并不是唯一在冬季繁殖的两栖动物。对镇海林蛙、义乌小鲵来说，冬天也是它们举行婚礼的好时光。镇海林蛙在宁波的山里几乎常年可见，尤其是到了 10 月、11 月，当别的蛙类基本都已开始冬眠的时候，在山里反而容易见到镇海林蛙，它们经常在远离水源的地方出现。我怀疑它们的冬眠时间只有 12 月到 1 月中下旬这近两个月的时间。2 月前后，在宁波山区的小水潭里，镇海林蛙们开始抱对产卵，一团团的卵群依附在水草间。到 2 月底 3 月初，镇海林蛙的蝌蚪早已在冰冷的水中游动了。

如果这个水潭附近同时生活着义乌小鲵——一种据目前所知只在浙江局部地区有分布的珍稀两栖动物，那么，镇海林蛙的蝌蚪们恐怕就会面临悲剧了。义乌小鲵的繁殖期几乎跟镇海林蛙同步，因此，林蛙的蝌蚪将会成为凶猛的小鲵蝌蚪的美餐。

没错，我的名字，就是以宁波镇海这个地名来命名的哦！

镇海林蛙

夏夜山中的"掌声"

"啪！啪！……啪！啪！……"咦，在这山中的安静的夜晚，谁躲在角落里轻轻地"鼓掌"？这"掌声"不甚响亮，但轻快而有节奏，持续整个晚上。

春夏之际，住在山村里的人，只要稍加留意，常会听到这样的"掌声"。我不知道，有几人曾循声过去寻找，看看是谁在发出这样的声音。我好奇的是，如果真有人打着手电去看，却发现居然是一只或几只蛙在鸣叫的时候，会不会特别吃惊？

是的，这"掌声"乃蛙鸣，是斑腿泛树蛙的雄蛙在鸣叫。

宁波最常见的树蛙

在宁波，善于爬树的蛙有3种，分别是斑腿泛树蛙、大树蛙和中国雨蛙。前两者属于树蛙科，而后者属于雨蛙科。大树蛙虽说在江南属于广泛分布的常见物种，但在宁波却分布甚少；中国雨蛙在宁波很多，但它们通常只在五六月的雨后才容易被见到，其他时候由于它们不大鸣叫，且体形小、保护色好，又喜欢在植物丛中活动，故难以被发现。

这三种蛙里面，最容易见到的就是斑腿泛树蛙。如果想要观察，

斑腿泛树蛙

那么几乎在宁波的任何一个山村，只要附近有小水塘甚至废弃的水缸，就很容易在仲春至夏天的晚上找到它们。你只要循着它们独特的“啪、啪”的叫声过去，就会在水边发现几只浅棕色的小蛙。它们能在树干、石壁乃至水缸壁上“行走”自如，如履平地。这就是斑腿泛树蛙。它们体长通常在 5 厘米左右，雌蛙略大一点，会超过 6 厘米。这种蛙的脚趾端具有发达的吸盘，能牢牢地吸附在物体表面。我曾经在海曙区鄞江镇的晴江岸的山脚，看到一只斑腿泛树蛙竟“趴”在离地两米多高的墙壁上，简直如同壁虎一般。不知道它去那么高的地方干什么，难道也是找小虫子吃？

如果你仔细观察的话，会发现斑腿泛树蛙的背部皮肤比较光滑，仅有细小的痣粒。多数斑腿泛树蛙的背上有深色“X”形斑或纵条纹，但也有部分个体仅具有散布的深色斑点。宁波地区的斑腿泛树蛙，体色比较统一，都是棕色调，无非就是颜色的深浅问题，有的偏黄，有的偏褐。但我在《中国两栖动物及其分布彩色图鉴》上看到，云南一些地方的斑腿泛树蛙居然是绿色的。

在关注两栖爬行动物之前，我主要是在拍鸟。辨识鸟种时，羽色是重要的鉴别特征之一，有些高度相似的鸟类，只在身体很小的部分上呈现不同的羽色。由于成鸟的羽色具有相对比较固定的性状，因而可以为相似鸟种或同种鸟类不同亚种的区分提供参考依据。但这一经验用在蛙类的辨识上，却往往行不通。因为，蛙类的体色变异很大，哪怕是同一个地方的同一种蛙类，也会出现完全不同的体色。比如说，最常见的“蛤蟆”，即泽陆蛙，有的为灰褐色，有的为绿色，有的背上有红斑，有的背上有一条白色的中脊线……总之变化极大。又如俗称“田鸡”的黑斑侧褶蛙，其体色的变化、黑斑的分布与形状，不同个体之间的差异也很大。

独特的繁殖习性

有一年7月的一个晚上，我去天童国家森林公园夜探。走到半山腰，忽听附近传来“啪！啪！”的声音，过去一看，那里有一个不到10平方米的人工水塘。除了斑腿泛树蛙的鸣叫声，还有合征姬蛙的响亮的叫声。说来奇怪，尽管它们叫得很响，但我却连一只正鼓着腮帮子鸣叫的蛙都看不到。俯身细找，才发现一只斑腿泛树蛙的雄蛙躲在水塘边的石缝里正叫得欢，其下巴位置有个白色的“泡泡”一鼓一鼓的。后来，合征姬蛙——这个只有两三厘米长的小不点——也被我在落叶丛中找到了。

等我再回过头来看石缝中的树蛙时，发现它不知何时已经跳了出来，正抱住一只雌蛙求爱。只见其前肢抱握在雌蛙的腋胸部位，让对方难以挣脱——

斑腿泛树蛙抱对

这就是蛙类的抱对繁殖行为。雌蛙排出泡沫状的卵泡，雄蛙同时排出精子，完成体外受精。一般蛙类直接产卵于水中，受精卵在水里发育，蝌蚪出来后直接在水里活动。而斑腿泛树蛙的繁殖习性比较特殊：它们的白色或淡黄色的卵泡黏附在树叶、石壁甚至水缸壁上，受精卵在湿润的卵泡内发育；蝌蚪孵出后，从逐渐干瘪的卵泡掉落水中，继续生长发育；变态后的幼蛙登上陆地，营树栖生活。

水塘边长了一棵树，半个树冠在水面上方，最低的枝叶离水面不到两米。几只斑腿泛树蛙在树枝上活动，有一只干脆长时间静坐在宽大的三角形树叶上，头朝向水面，好像在默默地思考着什么。其一对前肢的脚趾全部张开，趾端的吸盘牢牢地黏住了叶面。这枚叶子的边角有白色泡沫状残留物。我知道，这个卵泡已经完成使命，破裂掉落了。时值 7 月，斑腿泛树蛙的繁殖期已近尾声，水塘里有很多蝌蚪。它们像小鱼一样，不时游到水面，换口气后又立即潜入水下。

又有一年 6 月的一个晚上，我去余姚大隐镇的山脚夜探，在一片竹林里的小池塘旁发现了大量斑腿泛树蛙，既像掌声又有点像快板轻

斑腿泛树蛙守护着挂在池塘上空竹叶上的卵泡

击的鸣叫声不绝于耳。很多蛙攀爬在竹竿上，它们行动迟缓、不善跳跃，当感觉到干扰时会慢慢换个位置，忍无可忍时才跳到一旁。当时正值繁殖盛期，低垂于水面上方的竹枝上挂着好多卵泡。有的卵泡的上方始终有一只蛙在蹲守着，我猜这有可能是它们的护卵行为。

我还在竹林中找到了一只刚上岸的幼蛙，它的皮肤非常娇嫩，如玉石一般，呈半透明状。尽管它还拖着一条尾巴，但背上的“X”形斑已清晰可见。

斑腿泛树蛙幼蛙

常见但不被注意的小蛙

斑腿泛树蛙在中国南方分布广泛，从西南到华东，乃至在海南、台湾，均可见到。在宁波，从山脚村落的废弃水缸，到较高海拔的梯田，在春夏时节的晚上均不难见到它们。但奇怪的是，

斑腿泛树蛙

人们似乎很少关注
这种蛙，以至于常有人看到
我拍的照片，竟会惊呼：宁波的青蛙
还会上树？

看来，普通人对于本地蛙类的了解确实很少——
哪怕是对斑腿泛树蛙这样多见且叫声独特的蛙类，也知之甚少。
说起蛙类的叫声，孩子们写作文的时候，总是千篇一律地说：青蛙“呱呱”叫。其实，真正“呱呱”叫的蛙并不多。蛙类的叫声虽然远不如鸟类的鸣叫丰富，但也是非常多样的：天目臭蛙如小鸟般轻声地“吱吱”叫；沼蛙如狗吠般响亮地“汪、汪”叫；金线侧褶蛙如小鸡般“叽叽”叫；弹琴蛙则“给、给”叫……

还有不少人，之所以对蛙类不了解，是因为他们有点怕这些“滑腻腻”“冰冰凉”的两栖动物。不过，害怕往往是出于不了解。若有人能带着他们去实地观察这些小蛙，说不定大家的心态会有所改观。2017 年暑期，我带队“夜探自然”的亲子活动，去晴江岸观察夜间出没的蛙类、昆虫、刺猬等小动物。那天晚上，我们在村口就见到几只斑腿泛树蛙蹲在大水缸的边沿上，几个卵泡黏附在水缸内壁上。显然它们是将这里当作繁殖场所了。当我们“围观”这些具有“壁虎功”的小蛙时，一只斑腿泛树蛙受到惊吓，猛然一跳，竟跳到了一位年轻妈妈的背包上。一开始，这位女士情不自禁地惊叫了起来，但后来一看这小蛙攀在包上的样子这么萌，很快就转惊惧为喜悦，掏出手机，和大家一起拍起这只“顽皮”的小蛙来。自那之后，整个晚上，再也没有人怕蛙，大家都很积极地寻找它们，每发现一只，就赶紧招呼其他人过来看，就像看一个新朋友。这种感觉真好。

雨蛙的季节

入梅了，这江南的雨啊，时大时小，下下停停，连绵不绝，潮湿闷热……总之，我们人类对此是很不耐烦的，因此又戏称之为“霉雨”。

但有一种绿色的小精灵，对于这雨的感受，却跟我们完全相反。它们会用响亮的歌声表达自己的欣喜。雨下得越大，它们的合唱就越响亮，越热烈。

这就是雨蛙。雨蛙有好多种，在宁波有分布的，目前知道的便是中国雨蛙。这是一种数量极多的蛙，但见过的人并不多。一开始，我也想不明白其中的缘由，直到亲眼见过它们几次后，才恍然大悟。

隐身高手

一只碧绿的小蛙趴在芦苇叶子上，微微探出头，萌萌的大眼睛特别惹人喜爱……2011 年，《宁波晚报》推出生态版，有一期就把这张中国雨蛙的照片放在头版，作为导读。这张照片是我的朋友李超在江北区的苏湖边拍的，那时候我特别羡慕他。苏湖是我经常去拍鸟的地方。后来我每次到苏湖，也曾留意寻找，但始终见不到雨蛙。

通过查阅关于其习性的资料，我得知中国雨蛙在华东、华南均有

善于在灌木丛中攀爬的中国雨蛙

广泛分布，主要生活在海拔较低的山区。它们白天要么匍匐在石缝或洞穴内，要么隐蔽在灌丛、芦苇、美人蕉以及高秆作物上；夜晚比较活跃，出来捕食金龟子、蝽、象鼻虫等昆虫。只有在春末夏初的大雨后，为了繁殖，它们才有可能在白天出来活动。

这么说来，雨蛙平时在白天不太活动，要夜晚去找才好！

2012 年夏天，我迷上了夜拍，经常在周末夜晚进山去寻找两栖爬行动物。那年 7 月的一个晚上，我和李超、信信一起到鄞州区鄞江镇的山脚夜拍。我一边找一边又唠叨了起来：“怎么还是找不到雨蛙啊？不是说挺常见的吗？”

话音未落，李超突然说：“啊！这不就是吗？！”

我以为他在开玩笑。可顺着李超的手指定睛一看，真的见到一只雨蛙正趴在路边灌木丛的叶子上，而且就在我身边！但这段路的两边，我刚才仔细搜索过，咋就没发现它？

第一次见到雨蛙的真身，我的心跳微微有点加速。它真的好小，

隐身在树叶背后的中国雨蛙

还没有我的拇指大。其背部呈绿色，腹部两侧至大腿分布着黑斑，这些都形成了良好的保护色，使得它与植被浑然一体。

我们对着雨蛙手忙脚乱地拍了几张。显然我们的吵闹声以及闪光灯的频闪让它很不安，只见它慢悠悠往里面爬，一转眼就隐身于绿叶丛中，再也找不到了。

后来有几次，我都是在拍其他东西的时候，忽然发现树枝或竹叶背后居然贴伏着一只雨蛙，四肢收拢，一动不动如熟睡状。如果不是无意中看到，恐怕还真难以找到。

爱情音乐会

2014年5月中旬,宁波连下大雨。奉化西坞的一处山脚附近,池塘、水洼中都盈满了水。上午,我刚开车到那里,老远就听到周边全是"阁！阁！阁！"这样的响亮而尖锐的叫声。我悄悄走近半人高的茅草丛，明明听到蛙鸣声从那里传出来，可怎么找都找不到。好久，才终于在草丛深处，看到一只碧绿的雨蛙紧贴在草叶上，正卖力地鼓着声囊欢唱呢——随着肚皮一扁一鼓，其喉部就"吹"起了一个比其头部还大的泡泡，样子颇为滑稽。

再耐心一找，在一个充其量只有几平方米的小水塘旁，我居然发现了约20只雨蛙，有时一丛草中就有三四只。它们叫一阵就会暂歇一下。不过，没多久，只要附近有一只雄蛙带头再次叫起来，周围的众多雄蛙就会马上跟进，而且一个比一个叫得响，谁也不肯服输。近距离蹲在草丛边上听，耳朵甚至会感觉受不了。

不过,雨蛙也很警觉。在拍照的时候,只要稍稍碰一下附近的草叶,它就会马上停止歌唱,缩紧四肢,紧贴在叶子上,与环境完全融为一体。等我走开几分钟之后，它们才会继续鸣叫。春末夏初的雨后，天气温暖湿润，正是雨蛙们聚集在一起求偶、繁殖的最佳时机。雄蛙们都想

① 雄蛙求偶鸣叫

② 抱对繁殖

③ 雨蛙蝌蚪

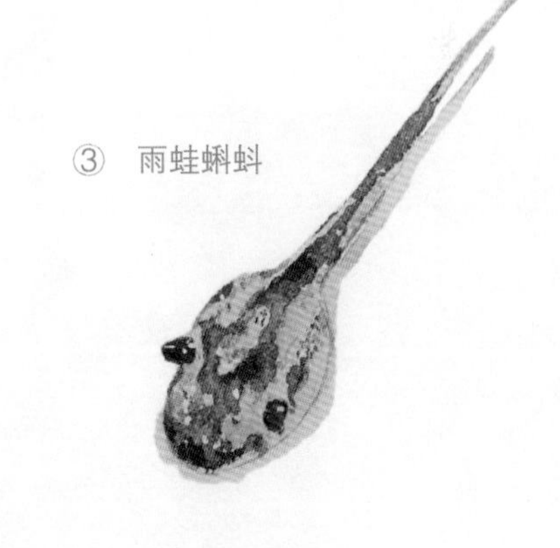

④ 雨蛙幼蛙

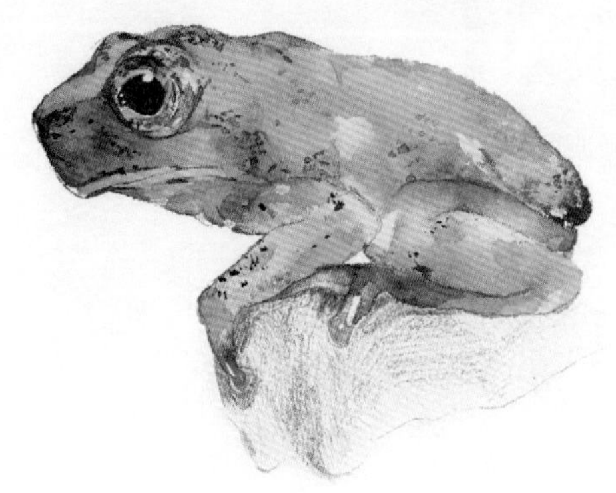

鸣叫中的中国雨蛙

通过歌唱大赛，赢得雌蛙的芳心。因此，这是一场不折不扣的爱情音乐会。

有几只雄蛙凭借嘹亮的歌声先找到了意中人。它们开始找地方抱对，准备在水洼中产卵。这时如果受到惊吓，雌蛙会"驮"着雄蛙游走或跳到比较隐蔽的地方。

陌生的"老邻居"

其实，雨后的晚上才是中国雨蛙求偶、配对的最高峰。据说，那时，在一个小池塘周边，它们的数量就可能达到数百只。而且，借着夜色的掩护，雄蛙会大大方方从树上下来，或者爬出草丛，在枝条或叶片的显眼处竞相鸣叫。可惜，这种夏夜音乐会的盛况，我迄今还无缘得见。

一过春末夏初的繁殖季，它们又会分散到树上或灌木丛中活动，而且一般不再鸣叫，再要在野外找雨蛙就不太容易了。因此，尽管它们的种群数量很多，但平时依旧难得一见。

但反过来说，只要了解它们的习性，要一睹其芳容真不难，而且还常能见到一些有趣的事情。有一年初夏，在余姚四明湖畔，我再次聆听到了雨

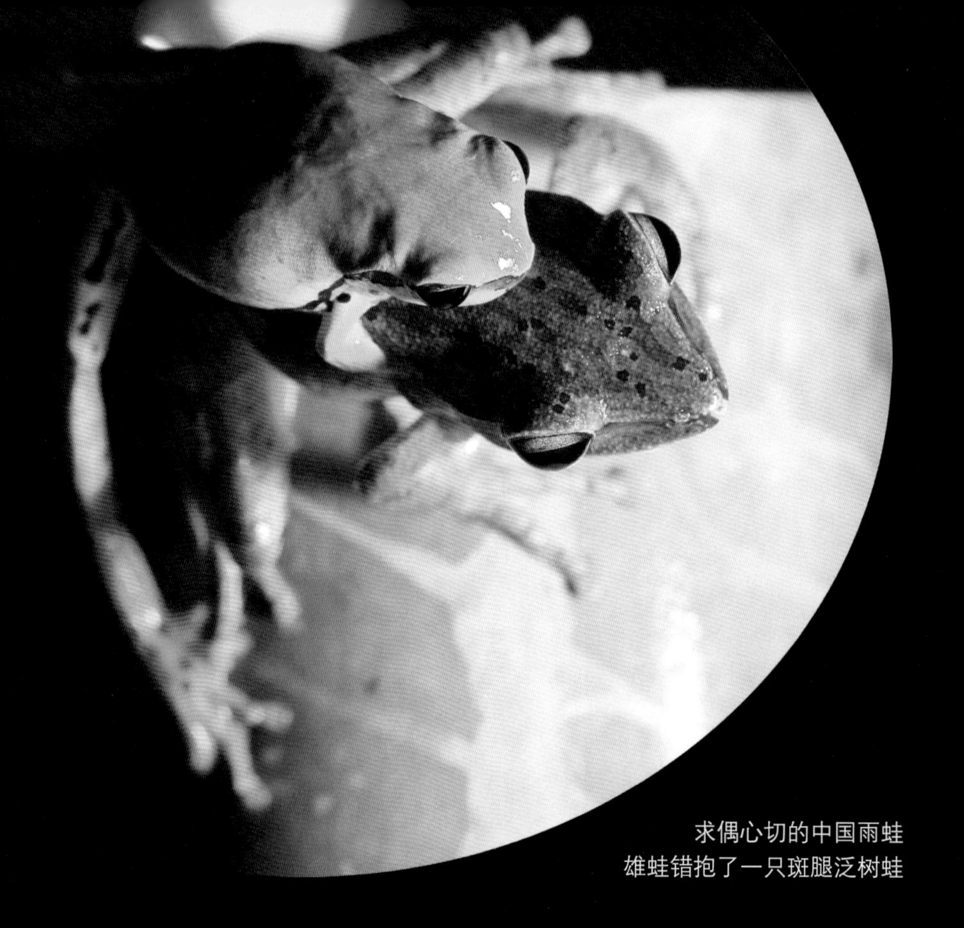

求偶心切的中国雨蛙
雄蛙错抱了一只斑腿泛树蛙

蛙们的爱情音乐会，其演出场地居然就在酒店大门口的小水池里。我还见到了极为搞笑的一幕：一只雄性雨蛙竟然紧紧抱住一只斑腿泛树蛙在求偶！可怜这只斑腿泛树蛙拼命挣扎，可就是无法摆脱雨蛙的热情拥抱。蛙类是通过抱对的方式，进行体外受精来繁殖的。但在荷尔蒙的刺激下，有些雄蛙经常会变得昏头昏脑，一把抱住别的蛙类就开始求欢了。

2016 年 5 月，受朋友之邀，我到奉化莼湖镇一个山村去看当地的生态环境。那天雨后初晴，刚进村，老远就听到“阁、阁”的叫声。我说：“雨蛙在叫！”于是，我领着身为村干部的朋友，循声转过一幢房子，果然就在一所老宅前的院子里见到一只雨蛙，当时它正趴在一棵枣树上鸣叫呢！朋友惊异地看着我，说：“你怎么知道这里有这种蛙？它这么小，恐怕在我眼前我也不会注意！”

是啊，对于身边的“老邻居”，我们所忽略的，又岂止是雨蛙呢？

迷你姬蛙

“饰纹姬蛙、小弧斑姬蛙、合征姬蛙、粗皮姬蛙……”

“你这是在说日本话吗，什么哇啦哇啦，叽哇叽哇？”

这不是我虚拟的对话，而是我和朋友间的真实对话。那天聊起国内的小型蛙类，我就报了一连串姬蛙的名字，把朋友听得云里雾里。

好吧，这里就为大家介绍一下在宁波有分布的三种最“迷你”的蛙类：饰纹姬蛙、小弧斑姬蛙和合征姬蛙。

何谓“姬”蛙？

有一个成语叫“顾名思义”，意思是我们可以从事物的名称联想到它的意义。那么，上述三种姬蛙的名字是怎么来的呢？这里暂把“饰纹”“小弧斑”与“合征”这三个不同的描述词放一旁，先来解释一下这个“姬”字。其实，这个字不仅被人用来给蛙类命名，在鸟类名称中也有出现，如白腹蓝姬鹟（音同“翁”）、鸲姬鹟、白眉姬鹟、黄眉姬鹟等。前面提到的都是在宁波有分布的小鸟。

大家都知道，上古夏商周时代，周朝的“国姓”就是姬，如周文王姬昌、周武王姬发、周公姬旦等——“姬”字的第一种意思，就是姓。

具有良好保护色的小弧斑姬蛙

后来，宫中女官、美貌的女子，也被称为“姬”，并有了姬妾、歌姬等说法。我想，在给蛙类与鸟类命名时使用“姬”字，估计是取它的衍生字义——“小的、可爱的”。比如，上述几种“姬鹟”，都是体形娇小、色彩鲜明的鸟儿，至于“白腹蓝”“白眉”“黄眉”之类，则是对它们各自不同特征的描述。

再回到姬蛙上来，它们的命名之法也是一样。在宁波（其实也是浙江）有分布的这三种姬蛙，其体长都是“2”字头，即属于2厘米级别，是本地蛙类中最小的一个族群。其中，最小的是小弧斑姬蛙，雄蛙体长18~21毫米，雌蛙体长22~24毫米（数据均出自《中国两栖动物及其分布彩色图鉴》），所以其名字的第一个字就是“小”。至于“弧斑”，就是“括弧状的斑纹”的意思。前几年，我拍到了姬蛙的照片，却怎么也分不清小弧斑姬蛙与饰纹姬蛙，因为它们大小、体色、背上的斑纹都类似。后来有高手指点我：喏，小弧斑姬蛙的背部中央有条浅黄色的中线，中线两侧有一对弧形小黑斑（有的个体是两对），像小括号，故而得名。但据我们的“锤男神”（王聿凡，浙江省调查、研究两栖爬行动物的专家，网名“锤锤”）说，他们在野外调查时偶尔也会碰到极少数没有弧斑的个体，于是戏称它们为“小无斑姬蛙”。

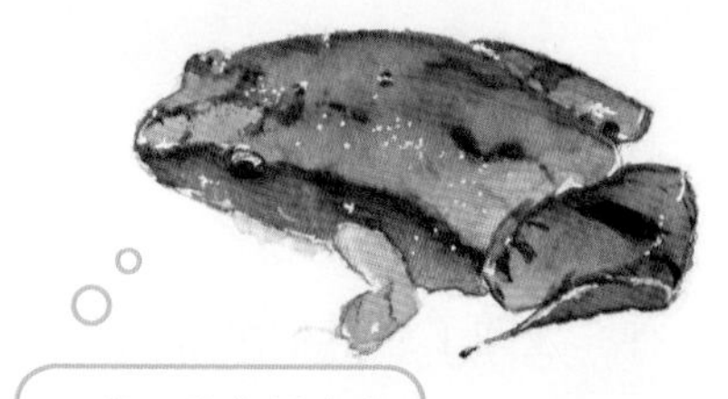

注意到我背部中线两侧像括弧一样的小黑斑了吗？

何谓“合征”？

说到这里，我得老实交代，“锤男神”已经在他的微信公众号“锤锤博物工作室”上发过一篇专门写姬蛙的精彩大作《泥咕嘟——浙江三种姬蛙杂谈》。无论是专业背景知识，还是野外观察经验，我都远远不如“锤男神”，因此我的这篇文章中，将多处引用“锤男神”的现成观点与文字。

说完了小弧斑姬蛙，接下来再来认识饰纹姬蛙和合征姬蛙。

饰纹姬蛙是本地最常见的姬蛙。“饰纹”两个字好理解，就是指背

饰纹姬蛙

部装饰了好看的花纹——其实也就是深色的对称斑纹而已。可“锤男神”发问了：其他姬蛙明明也有很多漂亮花纹，为什么偏偏它叫饰纹姬蛙？答案是：“因为它发表得早！”也就是说这个中文名被早早使用了，于是后来发表的姬蛙物种哪怕比饰纹姬蛙更漂亮，那也不能再使用这个名字了。说到这里，我又想起了鸟。比如，华东地区最常见的伯劳是棕背伯劳，但问题是，中国的多种伯劳中有不少的背部是偏棕色的，那为何单单叫它棕背伯劳？估计情况跟饰纹姬蛙有点类似。其实，棕背伯劳的英文名叫“Long-tailed Shrike”，即“长尾伯劳”，更符合此鸟的特征。

扯远了。再回过头来看合征姬蛙。我是个爱寻根问底的人，几年前拍到合征姬蛙后，怎么也搞不清楚“合征”是什么意思，猜是国内某个地名，从而推测合征姬蛙是因为模式标本产自“合征”这个小地方而得名的。后来才知道，这完全是我瞎猜！真实的命名原因，令人哑然失笑：所谓“合征”，就是“综合征”（不是“综合症”！）的意思，也就是说，合征姬蛙的特征，就是“综合了其他多种姬蛙的特征”！

合征姬蛙

姬蛙的蝌蚪（水下拍摄）

原来真相如此简单。

知道了这些后，我再来仔细对比上述三种姬蛙的特点，发现还真是那么一回事。先说合征姬蛙背上的花纹，真的是比饰纹姬蛙更加“饰纹”。这种姬蛙体色多变不说，不同个体的花纹也相差很大。其背部及四肢背面均有深褐色的花里胡哨的斑纹，斑纹周边还精心镶上了浅色细边。更有意思的是，我拍到的有的合征姬蛙的背中线上，还真有微微突起的小“括弧”！

泥窝里的歌手

姬蛙很好认，不仅是因为它们特别小，更是因为它们体形特殊。在《蛤蟆与田鸡》这篇文章中我已经说过，像金线侧褶蛙与黑斑侧褶蛙这类蛙，最符合人们通常所说的青蛙的形象——身体长、嘴巴大、眼睛也大。而多年前我第一次见到姬蛙时，就觉得这种还没有我拇指大的小蛙真是长得怪异：扁平的小身体几乎呈等边三角形，头部又尖又小，眼睛更是只有芝麻大一点。如果不注意的话，恐怕会误以为是一片小石头。

据“锤男神”说，在浙江湖州的方言里，姬蛙被称为“泥咕嘟”，“可能因为它个头太小，伪装也厉害，人走过时只能看到一块‘小泥土’跳进水中，‘咕嘟’一声不见了……”是的，姬蛙的保护色是一流的，只要它躲在泥土或草丛里不动，几乎是不可能被找到的。有好几次，在夜晚的田边，我听到很多姬蛙在“嘎、嘎”地大声歌唱，一片喧嚷，但打着高亮手电仔细搜索了好一会儿，却连一只都没有找到。后来我凭声音锁定脚附近的一只，蹲下身来慢慢找，才终于看到了一只饰纹姬蛙。它躲在一个湿润的泥窝里，只露出前半个身子，头下面一个“巨大的”（相对它的身子来说）泡泡一鼓一鼓的。这个泡泡是雄蛙的声囊，能起到共振、扩音的作用。这小家伙正在卖力地鸣叫求偶呢。不是亲

眼目睹的话，真的很难想象这么个小不点，竟然能爆发出这么大的能量。尽管小弧斑姬蛙雄蛙的鸣叫声也类似“嘎、嘎”，但相对低而慢。

记得在天童国家森林公园拍摄斑腿泛树蛙的时候，除了树蛙“啪、啪”的叫声，我还听到一旁的树底下传来一阵阵更为响亮的蛙鸣声。于是我蹲下来仔细寻找，也是找了半天，才终于在落叶堆里找到了一只合征姬蛙。后来听说，合征姬蛙有个绰号，叫“迷彩姬蛙”，意思是说它花纹多变，隐身效果好。这倒是名不虚传。2017 年 5 月，我跟随

合征姬蛙

专业调查人员考察位于北仑九峰山的镇海棘螈的繁殖水塘时，也在水塘边见到好几只合征姬蛙，水塘里则有无数它们的蝌蚪。第一次在白天看到这种姬蛙，我觉得其体色看上去没有晚上所见的深，但保护色依旧很好。我曾经把一张趴在落叶层上的合征姬蛙的照片发到朋友圈里，想考考大家的眼力，结果很多人找了很久才发现，还有几个人竟始终没有找到。

最后来说一下姬蛙的食性。我很好奇，这尖尖的小嘴捕食什么呀？我从未见过姬蛙吃东西。据《中国两栖动物及其分布彩色图鉴》记载，在小弧斑姬蛙的“菜单”中，“蚁类占91%左右”。而“锤男神”在《泥咕嘟——浙江三种姬蛙杂谈》一文中有更生动的现场速写：

> 狭小的口部非常适合吃蚂蚁（别的也吃不下！），姬蛙常找个蚂蚁窝洞口安安静静、端端正正地坐好，等蚂蚁出来一只就张口吃一只……如此反复，直到吃饱为止。吃饱了，就近在石头下或松软的泥土中，打个洞即可休息。若饿了，接着出来吃。

怎么样，这生活看上去还挺惬意吧？

☞ 这里有一只合征姬蛙，你能快速找到吗？

臭蛙不臭

“看，这只花花绿绿的蛙，就是花臭蛙，哦不，就是天目臭蛙！”

“什么，臭蛙？它很臭吗？”

“呃，其实它一点都不臭，如果你不惹它的话。”

“那为什么叫它臭蛙呢？”

“这个嘛，是这样的……”

类似上面这样的对话，在我带队夜探自然的过程中经常会发生，我总是一遍又一遍地为好奇的孩子们做解答。那好，在这里，咱们索性把臭蛙的故事说个清楚。目前所知，在宁波有分布的臭蛙属的蛙类共有3种，分别是天目臭蛙、大绿臭蛙、凹耳臭蛙。另外，小竹叶蛙（曾用名“小竹叶臭蛙”）原先属于臭蛙属，目前已划入竹叶蛙属，也在这里一并述及。以上除天目臭蛙外，其余3种都属于近些年发现的宁波蛙类新分布记录。

曾经的“花臭蛙”

2012年夏天，我刚学着拍摄宁波的蛙类时，曾经在四明山上见到一只背上多棕褐色斑纹的绿色小蛙在草丛中跳跃，感觉自己从未见过

抱对的天目臭蛙，上面为雄蛙

这样的蛙，就兴奋地追着拍。结果，一旁的朋友李超笑了：“一只花臭蛙你也要这么追着拍，以后恐怕要你拍你都不要拍了，太常见啦！”

我还闹过一个笑话。有一年夏天，一场特大暴雨过后，地处四明山区的龙观乡部分地方山洪暴发，等洪水退后，我去山村采访，在五龙潭景区外的溪流中见到，大石头上有好几只“花臭蛙”，它们体形悬殊，有的又大又胖，有的又瘦又小，好玩的是，有时大个子的蛙上面还会背负着“瘦小”的蛙。当时我跟旁边的人说，这莫非是青蛙父母带着孩子出来了？听者也不了解蛙类，个个随声附和。后来才知道，“瘦小”者，乃雄蛙也；“肥胖”者，乃雌蛙也。这种蛙的雌雄体形就是相差很大的。而所谓“背负”，乃雌雄抱对繁殖也！

后来，夜探的经历丰富了，方知“花臭蛙”在宁波山中溪流附近处处有之，

天目臭蛙

它们白天不常见，一到傍晚，就开始从隐蔽处出来，蹲在溪边的石头上或树上准备觅食。那个时候，常能听到雄蛙发出“吱吱啾啾”的叫声，不知道的，还以为是小鸟在灌木丛里叫呢。

根据权威工具书《中国两栖动物及其分布彩色图鉴》记载，天目臭蛙只分布于天目山一带，而浙江省内其他地方都属于花臭蛙的分布区域。大概在 2015 年春末吧，我到临安天目山拍野生动植物，特意去拍了这里的“特有种”天目臭蛙。可是，看来看去，实在无法把天目臭蛙与宁波的“花臭蛙”相区分，我觉得它们完全是一模一样的。后来请教了专家才知道，宁波地区的所谓“花臭蛙”，其实也都是天目臭蛙！

最漂亮的臭蛙

后来，我在龙观乡的四明山中发现了一条原生态环境很好的溪流，于是就经常去那里夜拍。有一次，溯溪走到了溪流的深处，忽见水边巨石上趴着一只肥硕的鲜绿色的蛙，以前从未见过！

我举着相机，蹑手蹑脚走近。可惜，还没等我对焦拍摄，这家伙就“扑通”一声跃入了水中。我并不气馁，继续在周边搜寻，果然，很快又见到一只。这只蛙没有刚才那只警觉，容我近距离拍了好几张照片。此蛙皮肤光滑，背部几乎全绿，偶尔有几颗深褐色斑点，体侧及四肢浅棕色，四肢背面有深棕色横纹，腹部则为白色，整体色彩搭配比较悦目，艳而不俗，耐看。跟天目臭蛙一样，其四肢的指、趾的前端也有吸盘。

后来经过查证得知，这是大绿臭蛙，在中国南方分布广泛，但此前没有出现在宁波的蛙类名录上。这种蛙喜欢栖息于茂密森林中的大中型山溪中，所处环境极为阴湿，喜夜间活动。跟天目臭蛙一样，大绿臭蛙的雄蛙与雌蛙的体形差异很大，雄蛙通常只有雌蛙的一半那么大。

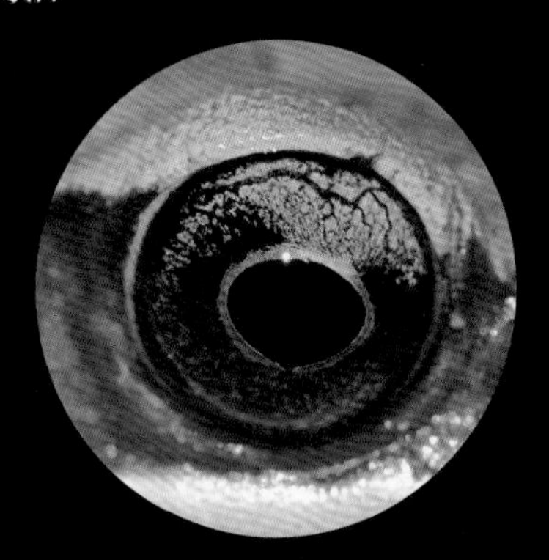

最好看的，是大绿臭蛙的眼睛，又大又萌。如果用微距镜头拍它的眼球特写，会发现它好像是一个微型

大绿臭蛙

大绿臭蛙

的星球，里面仿佛有大陆、海洋、岛屿，还有枝条状的河流。

这么漂亮的蛙，为何叫“臭蛙”呢？原来，花臭蛙、天目臭蛙、大绿臭蛙等臭蛙，平时并不会散发出臭味。但在被捕捉时，它们的皮肤可分泌难闻的、具有刺激性的黏液。如果手上凑巧有伤口，那么接触到这种黏液后会有刺痛感。显然，这是这些蛙类的自我防护手段。

我说我是宁波最帅臭蛙，你们不反对吧？

会“玩”超声波的蛙

2014年6月16日，国家林业局官方网站发布了一条题为《珍稀濒危两栖动物凹耳蛙首次在余姚被发现》的消息。文中说：近日，浙江省湿地与野生动植物资源监测中心野生动物调查组赴宁波地区开展全国第二次陆生野生动物资源调查，在余姚市境内的山溪生境中首次发现珍稀濒危两栖动物——凹耳蛙。

这里说的凹耳蛙，即凹耳臭蛙——又一个宁波蛙类新分布记录诞

别看我个子小，我会用超声波通信呢！

生了。我得到消息后，马上通过林业部门了解到这种蛙在余姚山区的具体分布位置，并选择一个周末的傍晚出发前往深山。当晚的运气非常好，溯溪而上没走多久，就在溪畔的石头上见到一只棕褐色的小蛙，初看并不起眼，但我知道，以前没见过这样的蛙！莫非这就是凹耳臭蛙？俯身细看，这只蛙也很警觉，但好在没有跳走，而是就地伏低了身子，紧贴石头表面作隐蔽状。不过，我还是看清楚了，它的眼后的“耳朵”位置（即普通蛙类的鼓膜位置），赫然有个凹洞！这下确认无疑了，果然是凹耳臭蛙！

不过在溪流中仅找到这么一只，上岸后继续在山脚寻找，居然又见到一只凹耳臭蛙，其体形更小，但鼓膜位置的凹陷更为明显，完全类似哺乳动物的外耳道。我知道，这是一只雄蛙，而刚才那只耳部下凹没这么明显的，是雌蛙。

凹耳臭蛙白天隐伏，夜晚出现在山溪两旁，在4~6月的繁殖期，“雄蛙发出‘吱’的单一鸣声，音如钢丝摩擦发出的声音”（据《中国两栖动物及其分布彩色图鉴》描述）。2015年，我在杭州临安的清凉峰的山村里，晚上听到了“吱、吱”的独特鸣声，顿时不顾白天爬山拍照的劳累，抓起相机就跑了出去，果然又见到了凹耳臭蛙。

凹耳臭蛙是我国特有蛙类，此前仅见于安徽黄山及浙江

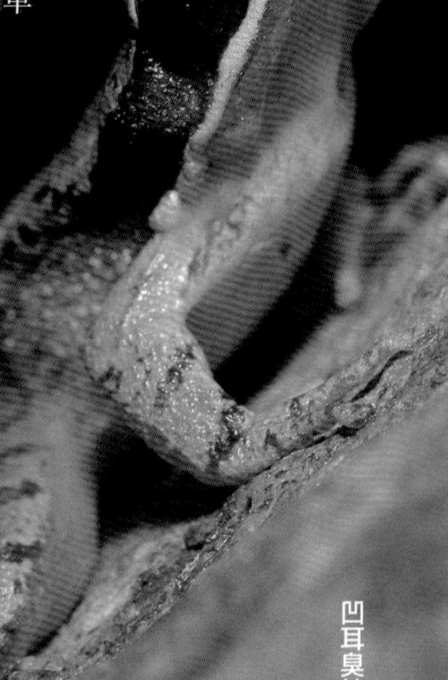

凹耳臭蛙

建德、桐庐、安吉、临安等少数地方，种群数量稀少。而2014年在宁波境内的发现，因与其他已知分布点相距甚远，所以在动物地理学上具有重要意义。

凹耳臭蛙因其独特的鸣声及超声波通信本领而在学界知名。来自“科普中国”网站的一篇专门讲蛙鸣的文章，对凹耳臭蛙的独特本领做了简单明了的解释：“凹耳臭蛙是世界上第一个被证明会使用超声波进行通信的无尾两栖类，使用高频超声通信的好处是能有效避开瀑布等环境噪音的干扰。然而有趣的是雌性凹耳臭蛙对超声并不敏感，凹耳臭蛙的超声通信貌似仅用于雄性间的竞争——看来这还是‘雄性专属’行为！”

新发现，相信还会有

2013年9月的一个晚上，我又到龙观乡的四明山中那条熟悉的溪流（对，就是发现大绿臭蛙的那条溪流）夜拍。在一个水流湍急的位置，我看到一只深褐色的蛙趴在垂直于水面的石壁上，其吸附本领不比湍蛙差。我很好奇：这是什么蛙？

过去一看，这家伙虽然四肢有吸盘，习性也有点像湍蛙，但显然跟以往见过的湍蛙截然不同，甚至也不像以前见过的本地任何一种蛙。我从各种角度拍了照片，回去跟图鉴比对，但看来看去，在宁波及周边有分布的蛙类中，竟没有一种与其特征吻合的。无奈之下，我把照片发到了微博

小竹叶蛙

抱对的小竹叶蛙

上，向国内专家请教。很快就有专业人士回复了，肯定地说那是小竹叶蛙。我一翻书，果然是它！

但问题是，尽管小竹叶蛙在浙江是有分布的，但图鉴显示只分布在浙西及浙南一带，在浙东未见记录。那么只有一种解释，小竹叶蛙在宁波确实是有分布的，只不过图鉴所用的蛙类分布数据没有覆盖到而已。现在想来，这种情况再正常不过了——由于国内对两栖爬行动物的关注与研究并不深入，因此调查数据不够详尽是常有的事。前面提到的大绿臭蛙、凹耳臭蛙，也都是一样的例子。

后来几年，我在奉化溪口的溪流（与龙观乡的发现地的直线距离非常近）里也见过小竹叶蛙，如果是春末的繁殖季节，甚至在白天都可见到。我注意到，其实小竹叶蛙的背部体色变化极大，深褐色、浅棕色，甚至绿色都有。不过，它们的数量似乎很不稳定，我好几次去龙观乡的那条溪流，都没有再找到它们。

目前所知，宁波境内分布有30种两栖动物（含25种无尾目动物，即蛙类、蟾蜍；5种有尾目动物，即蝾螈、小鲵之类）。但我相信，本地两栖动物的种类一定不止这30种，因为很多地方我们都没有去调查过。说不定在某个峡谷，或某条不为人知的深山小溪里，就生活着某种原先被认为在宁波没有分布的两栖动物，甚至是未被发表过的全球新物种！

这些踪迹隐秘、依赖洁净水源、没有良好迁移能力的水陆两栖的小精灵，能否在这块土地上好好生存、繁衍下去，是否会在没有被世人所知的情况下就悄无声息地灭绝了，几乎完全取决于我们人类能否切实尊重、保护好这块土地的原生态。

急流湍蛙

作为一个生于杭嘉湖平原的孩子，我小时候从未见过溪流。因此，那些在群峰耸峙之下，幽深、曲折、清澈、湍急且又怪石嶙峋的山涧，对我来说具有极大的诱惑力。我总是想，在这样的独特环境里，一定有各种不为人知的动物、各种奇花异草……尤其是夜晚的溪流，更加充满了神秘。

后来，强烈的好奇心终于打败了对黑暗的恐惧。而我第一次于夜晚踏入溪流，所拍到的第一种蛙，就是湍蛙——所谓湍蛙，就是喜欢生活在水流湍急的溪流中的蛙。

小蛙的“吸壁神功”

2012 年夏天的一个晚上，我到鸟友“竹子山”的山居拍完竹叶青蛇回家，途经四明山中的一条古道，一时兴起，心想那里由于地势陡峭，古道旁的溪流水势很急，说不定就有传说中的“湍蛙”。于是，就在附近找个开阔地停好车，换上高帮雨靴，拿着手电与相机进入了溪流。

这条小溪不宽，但由于落差大，因此有很多小瀑布，水流撞击声很响；急流拐过溪中的大石头时，也一样水花四溅。手电的光扫过湿

华南湍蛙

清澈湍急的溪流，
是我的家。

漉漉的石壁，忽见这里一只、那里一只，居然有好几只深色的小蛙“吸”在长着青苔的光滑石壁上——是的，它们不是趴在石头的水平面上，而是像壁虎一样直接吸附在垂直于水面的石壁上，有的小蛙的头部朝着水面，晶莹的水花不时打在它们身上。但它们始终静静地待在那里，似乎已经和石壁融为一体。

那时我只听说过宁波有华南湍蛙分布，因此想这些一定就是华南湍蛙了（事后证明，这个猜测没错——尽管这一带还分布着另外一种湍蛙），当时心里很激动，就好像凭一己之力揭开了一个古老的谜似的。尽管我那时候很不适应独自待在溪流里的感觉，常觉得背后的无边黑暗中似乎有什么东西在窥视我（详见《夜探囧事》），但我还是大着胆子，耐心打量这些神奇的湍蛙。这些小家伙的体长在4~5厘米，比我的拇指略大些；体色为灰黑色，又带点黄，跟岩石的颜色十分接近，具有很好的保护色；背部皮肤很粗糙，上面有很多凸起的一粒粒的东西；最重要的是，它们的脚趾端（这里所谓“脚趾”，准确地说，前肢为指，后肢为趾，因此应该称为指、趾端）都有明显膨胀的吸盘，这才使得它们具备了“吸壁神功”。

“湍蛙捕食”被疑造假

后来几年，随着夜探经验的增加，才发现几乎在宁波的任何一条山区溪流中都有湍蛙，有的地方还不止一种，最常见的是华南湍蛙，其次还有武夷湍蛙。它们白天很少现身，隐蔽于石穴内，而喜欢在夜

华南湍蛙

晚出来，待在溪中的石头上，伺机捕食出现在附近的昆虫。

有趣的是，当我蹲下来拍蛙的时候，由于使用头灯与手电，因此常有飞虫受到这些人工光源的引诱而飞来，无意中为湍蛙增加了捕食机会。我亲眼见到一只湍蛙迅捷无比地捕食飞过的细小蚊虫，而且是接连两次。当时，我正使用一台小相机在拍视频，刚好记录下了这肉眼难以看清的细节。我真的觉得难以想象：平时在全黑的溪流中，这些小蛙到底是如何感知附近的昆虫并准确捕食的?

说到这里，有件“逸事”不能不提。迄今为止，我所拍到的最难得的一张蛙类照片，就是华南湍蛙捕食的瞬间。那天晚上，我和“橙奇多”（网名）等朋友在四明山溪流中夜拍，发现一只华南湍蛙雄蛙趴在溪中央的石头上，于是我蹲下来拍它，还让“橙奇多”帮我手持离线闪光灯以补光。说来也巧，一只虫子受到头灯的光的引诱飞来，刚好停在湍蛙嘴前的石头上。说时迟那时快，湍蛙迅速张开大嘴，欲吞食虫子，而这虫子居然反应极为灵敏，当即张翅垂直起飞，逃过一劫。早在飞虫刚过来时，我就已经按下了快门，触发了两支闪光灯，完美地记录了湍蛙张嘴、飞虫逃生的瞬间。最难得的是，起飞逃离的虫子与张开的蛙嘴，居然都是清晰的，也就是说处在同一个焦点平面上。

事后，我按捺不住得意之情，把这张照片发到了微博上。谁知，居然有人质疑我的这张照片是造假的，即那是使用PS软件将湍蛙与虫子合成在一起的。后来，经过我自己的详细说明，再加上“橙奇多”这个“人证”的“证言”，大家才信服了。很荣幸，这张照片后来获得了面向全国的两栖爬行动物摄影大赛一等奖（2014年，由中国科学院成都生物所举办）。

难以分辨的“双胞胎”

上面说过，在宁波，至少有两种湍蛙分布，即华南湍蛙和武夷湍蛙，但令人尴尬的是，几乎所有的浙江两爬摄影爱好者都难以分清这两种湍蛙（特征明显的雄蛙除外）。

湍蛙蝌蚪

华南湍蛙捕食昆虫

武夷湍蛙

是的，我在野外不知道拍过多少次湍蛙，也曾拿专业图鉴与自己拍的照片仔细比对，但还是难以把这两种湍蛙很有把握地准确区分开来，这简直比区分人类的双胞胎还难。

华南湍蛙与武夷湍蛙生活在同样的溪流内，体形差不多，体色差不多，习性也类似。专业图鉴上说，华南湍蛙“皮肤粗糙”，而武夷湍蛙“皮肤略粗糙”，也就是说，后者的皮肤相对光滑一些。但这个“相对光滑”是个很模糊的概念，在野外观察、辨识时起不到根本的作用。

对于这对“双胞胎”，最可靠的分辨方法，是观察雄蛙的前肢第一指，武夷湍蛙雄蛙第一指基部有黑色婚刺（所谓“婚刺”，是指雄蛙为了便于抱紧雌蛙进行繁殖而于前指上生出的刺状物），而华南湍蛙雄蛙第一指基部的婚刺为乳白色。

但问题是，如果你在野外看到的不是雄蛙，或者是雄蛙而无婚刺，那又该怎么办？别人问过我这个问题，我也很无奈，只好含糊地说：

如果不看婚刺，让我识别这两种蛙，以宁波地区所见而论，我的经验是，华南湍蛙更喜欢水流很湍急的地方，常趴在垂直于水面的石壁上，全身都很粗糙，以黑色或深棕色居多；武夷湍蛙在水流缓和的地方更常见，背部相对光滑，有浅色细纹，以黄绿色居多。

但以上只是个人的主观印象，在辨识时最多起到辅助作用，没多大用处。

后来，国内研究两栖爬行动物的专家、中山大学的王英永教授为我提供了一种更简便的方法。那就是：在这两种蛙的共同分布区域内，凡是会鸣叫的是武夷湍蛙，反之就可能是华南湍蛙（因为华南湍蛙没有声囊，不会鸣叫）。不过，这种方法跟上述看“婚刺”的方法一样，只利于分辨两者的雄蛙。

“蛙声十里出山泉”，里面就有我的鸣叫声呢！

大家都知道齐白石创作《蛙声十里出山泉》的故事，别说，我还真在现实中听到过“蛙声十里出山泉”呢！有一年3月初，我在四明山中拍野花，忽然，从一旁的深涧中传来“桀、桀”的蛙鸣声，老远就能听到。我知道，那是武夷湍蛙率先鸣叫了。每年，都是它拉开蛙鸣的序幕。有趣的是，应该也是它最晚结束蛙鸣——有一年11月，我还见到武夷湍蛙在溪流中鸣叫。

尾声：会有惊喜吗？

没想到，关于宁波本地湍蛙的分辨之问题，其复杂性还不止于此。王英永教授在看了我拍的几张自认为是武夷湍蛙的照片后，提出了他的看法，说那很可能不是武夷湍蛙，甚至有可能是未曾发表过的湍蛙新种！尽管这还有待于进一步的科学研究，但此观点确实令人惊喜（注：本文所附照片，凡符合武夷湍蛙相关特征的，暂时均作为武夷湍蛙处理）。

不过，与此同时，这也进一步增加了本地湍蛙的辨识难度。但从另外一个角度来看，我觉得湍蛙难以辨认，归根结底还是在于自己所见过的湍蛙太少，而且局限于本地观察，如果能有机会多到外地去观察、拍摄多种蛙类——哪怕只是到武夷湍蛙的确切产地去仔细看一下这种湍蛙到底长啥样，恐怕上述所谓辨识难题也就不成为难题了。还是那句话：纸上得来终觉浅，绝知此事要躬行。

“山珍”石蛙

过年过节，说到吃，大家常用“山珍海味”这个成语来形容食物丰盛。宁波东临大海，一年四季，时令海鲜应有尽有，海味是不用说了。同时，宁波西依四明、南靠天台，群山连绵、诸峰争秀，山中物产之丰富，虽不如海鲜有名，但也颇为可观。自古以来最著名的山珍之一，就是石蛙。

石蛙，因其肉质鲜美，曾被香港作家倪匡列入他最爱的宁波菜菜单。但我作为宁波市民，看到这份包含着石蛙的菜单，却并不觉得荣耀。时代不一样了，我们对待野生动植物的某些传统观念也该改一改了。

倪匡的菜单

祖籍宁波的倪匡，以写卫斯理系列小说而知名。他也是一位美食家，嗜好宁波菜。前些年，蔡澜主持 TVB 的《蔡澜叹名菜》节目，请老友倪匡出一份关于宁波菜的食单。于是倪匡拟了一份 23 道菜的食单。这份单子里的菜品，以海鲜居多，兼顾小吃等，如蛎黄豆腐羹、大小黄鱼、海瓜子、乌贼混子、石撞、新鲜豆瓣酥、笋干豆、黑洋酥猪油汤圆、干煎带鱼、蛤蜊炖蛋、黄牛肉、水磨年糕、糟青鱼、蚶子等。

《阿拉宁波话》一书中则记载：“石戆，一种生活在溪谷中的山蛙，善于跳跃，可作补品。也叫石撞。”石戆也好，石撞也好，都是俗名，其规范的中文名是棘胸蛙。棘胸蛙产于深山多石的溪流中，白天通常隐藏于石缝或石洞中，入夜后出来蹲伏在溪中岩石上，伺机捕食昆虫、小蛙等。宁波人说，有“石撞”的地方必有蕲蛇（就是剧毒的五步蛇，即尖吻蝮）。其实这倒未必，五步蛇现在并不多见，我在石蛙出没的地方，见到更多的是竹叶青蛇。

石蛙身体肥硕，是宁波山里面最大的蛙类，体长可超过 12 厘米，甚至达 14~15 厘米，是本地多数野生蛙类的两倍以上。我在野外见过很多棘胸蛙，发现一个有趣的现象，那就是棘胸蛙的体色以棕色为基调，但具体有很多种——有的棕黄，有的黄绿，有的棕色偏黑，也有的明显偏红，通常跟其生活环境中的岩石的颜色一致，形成良好的保护色，所以俗称“石蛙”倒也名副其实。

那么为什么叫棘胸蛙呢？顾名思义，因为蛙的胸部有棘刺。原来，在繁殖期，雄蛙胸部会密布具有黑刺的疣粒，而雌蛙没有。大家知道，

棘胸蛙（体色跟岩石一样，偏红色）

蛙类是通过“抱对”的方式，精、卵同时产出体外，进行体外受精而繁衍后代的。在抱对时，雄蛙趴在雌蛙背上用强壮的前肢紧紧抱住对方，胸前的小刺增加了摩擦力，既有利于防止雌蛙挣脱，也能防止别的雄蛙跟其“抢老婆”。

可叹的是，在我国，食用石蛙历史悠久。在古代，不仅达官贵人把它作为宴席上的山珍野味，就连寻常百姓，家宴上若能端上一道石蛙佳肴，则无论主人还是宾客，都会觉得很有面子。因此，长久以来，民间都有捕食石蛙的习惯。近年来，随着农家乐的兴起，好多店家打着野味的旗号招徕顾客，导致对野生石蛙的需求量剧增。因此，尽管

棘胸蛙有很好的保护色

棘胸蛙在中国南方分布很广，但如今其种群数量骤减，已经被世界自然保护联盟列为“全球性易危物种”。也就是说，如果情况继续恶化，它将很快成为“濒危物种”。

夜寻石蛙，斗智斗勇

近几年，在进山夜拍时，我曾多次遇见棘胸蛙，并和它耐心周旋——棘胸蛙是我见过的最聪明的蛙，哪怕说和它“斗智斗勇”，也不为过。

2013 年 5 月下旬的一个晚上，我独自到龙观乡的四明山溪流中夜拍。我戴着头灯，拿着高亮手电，溯溪而上，寻找蛙、蛇等两栖爬行物种，忽然注意到，稍远处的溪流中央的石头上蹲着一只硕大的蛙。当时心想，怎么会有中华蟾蜍（即俗称的癞蛤蟆）趴在急流中央的石头上？因为，以我以前所见，这么大块头的蛙，只有中华蟾蜍了，但蟾蜍通常在溪边活动，很少会到水中央去。我慢慢走近，当距离它只有两三米的时候，才惊喜地发现：这哪里是癞蛤蟆，分明是一只棘胸蛙！

这是我第一次在野外见到棘胸蛙，激动得心跳加速。我放慢动作，悄悄靠近，唯恐它惊觉后跳入急流。谢天谢地，它始终安如泰山，盘踞在那里一动不动，很威严的样子。我在它身边蹲了下来，开始拍摄。这只蛙全身呈黄绿色，皮肤较为光洁，腹部肥大，估计是一只雌蛙，肚子里有很多卵。闪光灯的频闪显然刺激了它，我才拍了两三张，这家伙就“扑通”一声跳进水里了。不过还好，它没有进入深水，就在刚才的石头边，大半个身子在水里，就探出个脑袋。它似乎觉得自己安全了。

清澈的溪水潺潺流过，闪光打在跃动的水波上，在石蛙身边折射出如宝石般五彩绚丽的波纹，水光潋滟，实在美极了。石蛙依旧沉静地待着，背上的斑纹与水纹、石纹浑然一体。它的瞳孔呈粗大而黑的十字形，深邃而奇特，令人感叹造物的神奇。

几天后的晚上，我再次来到这段溪流。它居然还在那里，几乎就在老地方。但它已经学乖了，还没等我靠近，就跃入溪流，不见踪影。后来，我曾带李超、信信等朋友一起去拍蛙，都发现了它，但没有一次成功接近。有一次，我看准了它落水的位置，走到那里低头仔细寻找，赫然看到它静静地趴在急流底下的石边。我对李超说，要不我们就在这里等，看它憋气能憋多久，只要它一浮到水面，我们就拍。

然而我们的如意算盘落空了——我们在一边等了约半小时，它还是纹丝不动地趴在水底。后来我们实在没耐心了，只好走开，又过了大半个小时，回去一看，它还是老样子！

说来奇怪，从此以后，在这条溪流的不同地段，我虽然见到过好多只石蛙，但它们仿佛已经互通声气了似的，一个个都警觉得很，再也没有让我从容地接近并拍摄。

棘胸蛙

“专业”捕手夜抓石蛙

有一年 7 月的一个晚上，我到余姚大隐的山区溪流中夜探，忽见右边的大石头上有一只棘胸蛙。它待在石头表面凹槽的一堆落叶里。起初，它那粗壮而短的前肢直立，很神气地昂着头，若有所待。它的正前方的一两米外，是一个较深的水潭。我放下背包，手持相机，蹑手蹑脚接近。它立即就感觉到危险的逼近，迅速缩脚低头，整个身子呈扁平状，与底下的落叶贴合在一块。如果我不是事先已经发现了它，恐怕就会被这高明的伪装术骗过。

我心里暗笑，想：“你想骗过我？没门！”我知道，它若受惊，将会跳入前方的水潭。于是，我慢慢过去，挡在了它的正前方，让它没法跳。果然，它很“乖”地趴着，似乎流露出无奈的眼神。我很得意，拍了几张，看它这么老实，就决定侧身去拿另外一只闪光灯，用双灯拍摄以加强效果。谁知，就在我侧身、弯腰的瞬间，我听到了很响的“扑通”落水的声音，就像一块石头被扔进水里。我知道这下糟了，回头一看，果然，那落叶堆里已无石蛙。这聪明的家伙，准确地抓住了稍纵即逝的时机，起身飞跃，以强大的弹跳能力，落入了幽幽深潭。

但这么机智的石蛙，还是逃不过捕蛙人的黑手。

有一个夏夜，我到奉化市的山里拍蛙，撞见了一个“专业”捕蛙人。当时，我见到有人戴着头灯，沿溪而来，觉得奇怪，心想难道还有人像我一样出来拍蛙？等此人走近了，才看清那是一个中年男子，手拿钢叉与网袋，一路细细搜寻。尽管溪流中阴暗湿滑，可此人脚步轻快、如履平地，还有一条小狗一路陪伴。更令人吃惊的是，他的眼光非常锐利。尽管蛙的体色几乎跟岩石一样，但他总是老远就能一眼看到，然后徒手一抓一个准。

他抓的全部是棘胸蛙。在其网袋里，已经有十几只蛙挤在一起。

有人捕猎棘胸蛙

他说他只抓这种蛙，卖给“农家乐”至少可以卖150元一斤。可想而知，饭店再卖给顾客，价格就更高了。我问他：你的头灯并不是很亮，怎么能准确地发现石蛙？他说：看蛙眼睛的反光就可以判断种类，石蛙的眼睛反光与其他的蛙不一样。我劝这名捕蛙人：“石蛙目前已经很稀少了，而且蛙类属于保护动物，捕蛙是犯法的，不要再抓了。”但对方听不进去。

之后，针对此事，我在《宁波晚报》上发表了相关报道。奉化的森林公安部门随即组织了针对山区农家乐的清查行动，果然一查一个准，当场查获了不少待宰杀的野生棘胸蛙。民警将它们带到山

放生棘胸蛙

刚被放生的棘胸蛙

里全部放生。

石蛙作为山珍而知名，亦因此而被大量捕食，遭遇生存危机。我真切地希望，所谓“山珍”，其含义应当有所改变，即石蛙从此能被作为山里珍稀的物种而得到切实保护，而不是沦为餐桌上的“珍馐”以致濒危。现代人若还以吃珍稀动植物为荣，那不仅是这些生物的悲剧，更是人类的羞耻。

角蟾之谜

曾经有一只角蟾在我身边不停鸣叫，可我起初怎么也找不到它，等好不容易看到时，才发现原来就在我脚边。

曾经以为自己已经能够分辨清楚宁波的角蟾了，这是淡肩角蟾，那是挂墩角蟾，可后来专家告诉我，我自认为的“淡肩角蟾”，其实是另一种尚未被发现、描述与命名的全球新物种！

曾经在省内多个地方见过角蟾，可见得越多，对它们各自的身份我反而越糊涂……

角蟾，角蟾，到底如何认识你？

寻找淡肩角蟾

早在2012年的时候，我就听人说，宁波的山里有一种踪迹隐秘的两栖动物，它体形微小、长相怪异、鸣声却很响……这就是淡肩角蟾。后来翻阅专业图鉴，了解到淡肩角蟾是在浙江地区唯一有大面积分布的角蟾科角蟾属动物，换句话说，如果在宁波找到角蟾，那么按照已知的分布，就只有可能是淡肩角蟾。

从此，我就开始寻找这种神秘的小家伙。那时候苦于无处打听这种角蟾的分布状况、生活习性等特点，只知道其雄蟾“每次连续鸣叫十余声,音量由低到高”(据《中国两栖动物及其分布彩色图鉴》)——这几乎是唯一可以有效利用的线索。因此，每次进山夜拍，我都注意侧耳倾听周边的蛙鸣声，企图循着声音找到它。终于，2013 年的初夏，在鄞江镇的一处四明山脚下，我听到了从小溪中传来的疑似淡肩角蟾的叫声，其声音十分响亮，为单音节，具体很难描述，近乎“哲、哲、哲”之声，而且带有一种尖厉的摩擦音的感觉。这个地方是我们以前常来拍鸟之处，浙江省内第一次拍到短尾鸦雀这种珍稀的小鸟就是在这里。不过，这地方拍鸟不难，只要沿着山路走就是了，但夜拍却不容易，因为山路两旁的树木很茂密，把小溪完全遮盖住了。于是，在第一次听到疑似叫声的当天晚上，我独自一人不敢进入密林下的小溪，只好先回家了。

过了几天，我约上李超、信信两个朋友，一起来寻找。我们拨开

角蟾，摄于临安天目山

树枝，先用棍子打草惊蛇，再小心翼翼地进入树林中的小溪。但奇怪的是，尽管这“哲、哲”的响亮的鸣叫声一直在附近，可我们三双眼睛却愣是找不到角蟾。后来，我们都俯身低头，在狭小、闷热、潮湿的环境里进行地毯式搜索。当终于发现这家伙的时候，我们都喊了一声：“原来它这么小！”它的伪装色太好了，与身边的落叶、枯枝完全融为一体。随即，我们又在旁边发现了另一只正在鸣叫的雄性角蟾。

蹲下身来仔细观察，更觉得这小不点的长相与原来所见过的蛙或蟾都很不相同：体长只有 3 厘米左右，比我的拇指还小；全身基本为棕褐色，皮肤比较粗糙，背部与体侧有许多红色的疣粒；最独特的是它的眼睛，虹膜为红色，从正面看，其眼球在头部上面明显凸出。当时，我开玩笑说，这小家伙真有点像外星物种。

第一次找到这个小怪物，我们都很兴奋。尽管脚下泥水、落叶相混杂，非常湿滑，但我们都顾不上这些，干脆半趴着拍摄——以低角

角蟾

度“迎合”这待在低处的小家伙。我们是第一次见到角蟾，相信这两个小家伙也是第一次见到人。它们并不是很怕人，尽管雪亮的手电光照着，它们依旧卖力地鸣叫求偶，喉部的声囊一鼓一鼓的，如吹泡泡一般。拍了一会儿，李超与信信先退出去了，留我一个人在那里继续拍。忽然，有两三只萤火虫打着微弱的小灯笼，忽明忽暗地飞到我身边。那时，我一点都不觉得好看、浪漫，反而觉得有点恐怖，于是也赶紧收拾器材钻出了密林。

角蟾身份成谜团

自从第一次找到角蟾后，我有了实际经验，以后在其他地方寻找就顺利多了。后来，我在海曙龙观乡、奉化溪口镇等地的四明山溪流中，以及宁海的天台山的峡谷中，都找到了它们。甚至，在奉化与海曙交界处的山溪中，我还曾发现一只非常符合挂墩角蟾特征的角蟾。

话虽如此，但我不是每一次都能顺利地发现正在鸣叫的角蟾，因为这家伙的保护色实在太好了。有一次，在溪畔，我明明听见一只角蟾在离我很近的地方高声鸣叫，但真的是怎么找也找不到它。我百思不得其解，为此抓狂不已，差点怀疑自己的听觉出了问题。后来，索性坐在一旁，静听，然后再一寸一寸地搜寻。最后，终于被我发现了，天哪，它就躲在我眼前的一团枯草与落叶中，棕褐色的小小身体与深棕色的枯草完全融为一体，难以分辨。

在四明山中拍了多次角蟾后，我把这些自认为是“淡肩角蟾”的角蟾照片发到了微博上。后来，鸟友“信天翁”联系上我，说出于科研需要，他想取得宁波所产的所谓“淡肩角蟾”的标本。原来，他那时到我的母校中山大学的生命科学学院工作了。他的老师，即中大生科院的王英永教授，是国内研究两栖爬行动物的专家。王教授看到我拍的角蟾照片后，觉得这不是淡肩角蟾，而很可能是一种未曾被发现、

躲在枯草丛中难以发现的角蟾

命名过的角蟾新种。因此，王教授想取得实物做仔细观察，并进行分子研究。

有一年6月，“信天翁”特意来宁波找我。晚上，我陪他进山，寻找这种角蟾。刚到溪流边，我们就听到了角蟾的响亮而急促的鸣叫声。“咦，这怎么像是掌突蟾的叫声？”“信天翁”说。我大吃一惊，说：“这怎么可能是掌突蟾，宁波没有分布的。”“信天翁”不信，说这叫声太像掌突蟾了，他以前多次听过。“信天翁”所说的掌突蟾是指福建掌突蟾（属于角蟾科掌突蟾属），那也是一种体长不到3厘米的微型蟾，书上说其雄蟾的鸣叫“音大而尖”。但事实证明，现场发出这种“尖而高”的鸣叫声的，确实是一种角蟾，而不是福建掌突蟾——分辨方法很简单，眼前的角蟾的瞳孔是圆的，而福建掌突蟾的瞳孔是竖的，像一些毒蛇的眼睛一样。那天晚上，除了现场拍照，“信天翁”还捕捉了多只角蟾，作为标本于次日带回了中山大学。

此后的研究结果表明，这确实属于角蟾的新种。得知这一结果，我自然十分开心和兴奋。但随之问题也来了：它为什么不是淡肩角蟾呢？所谓“淡肩”，是指这种角蟾的肩部有一个圆形或半圆形的浅色斑。而我在宁波见到的角蟾，确实有不少个体的肩部颜色稍浅。

还有一个问题是：宁波到底有没有挂墩角蟾分布呢？

我真的迷惑不解。

但愿是“宁波角蟾”

2017年的年底，王英永教授来宁波，我跟他见面时聊起了这种角蟾。王教授还问我：“今后这种角蟾如果作为新种发表了，你建议给它取一个什么样的中文名呢？”我说：“给新物种命名，通常是以发现地来取名，那要不就叫‘宁波角蟾’之类吧？”我也曾问及它跟淡肩角蟾的区别在哪里，王教授说，其实，你若见过真正的淡肩角蟾，就会

鸣叫中的角蟾

发现这两者的区别还是挺明显的，身体特征不像，还有叫声也不同。

后来，我又将自己拍的角蟾照片与《中国两栖动物及其分布彩色图鉴》上的淡肩角蟾图片进行仔细对比，果然发现两者的背部斑纹有明显的不同。按照书上的描述，淡肩角蟾“两眼间及头后褐黑色，向后延伸到背中部形成一条宽带纹”，事实上，正是因为这一条深色的宽带纹的存在，才使得肩部的颜色相比之下显得浅了。而我在宁波拍的角蟾，其头顶的两眼之间有深色斑纹向下延伸，形成一个明显的上宽下尖的倒三角形，而不是“宽带纹”；同时，其背部上方有一个“V”形深色斑，下方则有深色三角形斑。至于叫声，我录了宁波本地的角蟾的鸣叫声，那是一种持续不断的单音节的比较尖的叫声，音调平稳，和书上描述的淡肩角蟾“每次连续鸣叫十余声，音量由低到高”也不相同。

后来，我在省内的临安天目山、德清莫干山等地，都见过角蟾，其身体特征与宁波的角蟾也不尽相同，但我实在没有能力将它们一一分辨清楚。听王英永教授说，其实国内还有不少角蟾新种需要去发现与研究呢！对此，我心里颇为感慨，是啊，对于这些不起眼的两栖动物，我们的关注实在太少了。我最怕的是，有些分布区域狭窄，且又缺乏迁移能力的小动物，说不定在我们发现、认识它们之前，就已经因为环境的变化而永远消失了。

（注：本文所附图片，除特别注明外，均摄于宁波四明山）

日湖公园奇妙夜

夏天的晚上，来日湖公园休闲的市民很多，散步、慢跑、跳舞、陪孩子玩……不过，在这热热闹闹的环境里，你可曾倾听过阵阵蛙鸣，可曾到安静的池塘边或林中湿地观察过夜间出没的小动物？

说实话，原先我也没有。直到最近几年，由于关注本地的两栖爬行动物，才想到，日湖公园内具有良好的湿地环境，会不会有一些蛙类呢？于是，我开始了夜探日湖之旅。不去不知道，几番夜探下来，竟然收获满满、惊喜不断。

池塘音乐会

在宁波市区，日湖公园的面积算是大的，其中约一半面积是连通姚江的湖水，另一半是陆地景观。在陆地那一部分，又有多个小池塘，及沟通着这些池塘的小河。园林工人在这些池塘与小河内种植了再力花、香蒲、美人蕉、睡莲、狐尾藻等水生植物，使之构成了一个茂密的湿地植物群落。

白天经过公园内的湿地区域，只能欣赏风景，很少能看到两栖动物。但是在暮春至初夏的晚上，如果途经那里，常能听到响亮而连续的蛙叫声：“阁阁阁！阁阁阁！”这是黑斑侧褶蛙的雄蛙在鸣叫。有时，又会听到一片类似鸟叫的“叽叽”或“叽啾、叽啾”声，音量较轻，这是金线侧褶蛙的雄蛙在唱歌。顺便说一句，人们常说“小青蛙，呱呱叫”，其实叫声为“呱呱”的蛙还真不多，在宁波本地的话，也就黑斑侧褶蛙的鸣叫声最为接近。

这时，不妨在池塘边的凳子上坐下来，静静地，“听取蛙声一片”，享受这场由青蛙们演奏的“夏夜音乐会”。听着听着，我仿佛回到了童年时代——那时，每到夏日，村外的水田里蛙鸣声此起彼伏。真的，一想到，人到中年，在市中心的公园里，仍能听到这美妙的天籁，心中不由得涌起一阵感动。

当然，和年幼时只会说“那是蛤蟆，那是田鸡”不同的是，我现在终于会辨识宁波本地的蛙类了，这让我多了一种乐趣。拿高亮手电照过去，很容易看到，池塘中央的水草中或睡莲的叶面上，趴着好几只小蛙。背面以绿色为主，有两条比较宽厚的隆起的“皱褶”的，是金线侧褶蛙；体色多变且多黑斑，背部“皱褶”相对较窄的，是黑斑侧褶蛙。运气好的话，还能看到恰好鼓起“腮帮子”（其实是两侧的声囊）鸣叫的黑斑侧褶蛙。在岸边的草丛里，则会看到中华蟾蜍与泽陆蛙。

惊遇虎纹蛙

夜探日湖公园，除了能发现上述四种蛙与蟾，还常能看到蝌蚪、泥鳅、河虾、小龙虾，甚至黄鳝、黑鱼之类。但这些都算不上什么，因为有一天，我居然在公园北端的林中湿地内见到了两只虎纹蛙！

虎纹蛙喜生活在水田、池塘、沟渠等环境中，在中国南方分布很广。它是一种非常健硕的蛙，甚至比山区溪流中的棘胸蛙还要大一点，然而，可悲的是，正由于这两种蛙体大肉多，长期以来被大量捕捉以供食用，再加上栖息地的破坏，导致它们的野外种群数量迅速减少，故而难得一见。此前，虎纹蛙已被列为国家二级重点保护野生动物。

我第一次见到虎纹蛙，是好多年前在天童国家森林公园。记得那天和朋友李超一起去爬山，走到半山腰的一个水塘边，李超说："快看！一只虎纹蛙！"我顺着他指点的方向看去，看到一只深色而硕大的蛙趴在水塘堤岸的一个凹处。可惜还没等我举起相机，就听到"扑通"一声，水花四溅，这只警觉的虎纹蛙已跃入深水区，无影无踪了。

此后好几年，我再也没有见过虎纹蛙。直到 2013 年 6 月底的一天，我独自去日湖公园夜探，行走在湿地中的木栈道上，用手电往两边的浅水区域仔细搜索。忽然，见到一只很大的蛙趴在岸边的水草丛中。仔细一看，不禁喜出望外，好像是虎纹蛙呀！蹑手蹑脚地走近，蹲下身来观察，暗喜它没有逃走。没错，是虎纹蛙！它四肢粗壮，背部皮肤极为粗糙，有很多断断续续纵向排列的肤棱，同时散布着深色斑纹——据说，正是因为这些斑纹与老虎的斑纹有点相似，故名虎纹

虎纹蛙

蛙。我拍了几张，它依旧静静地趴在水中，一双大眼睛瞪着前方。后来，在离它很近的地方，我又发现了一只虎纹蛙。

我把发现虎纹蛙的消息告诉了李超，他抽空过来也拍到了。2014年夏天，李超再去日湖公园，居然又见到了虎纹蛙。但直到如今，我还是没有弄明白，日湖公园内的两只虎纹蛙，到底是完全野生的呢，还是有人放生的？因为，尽管这块湿地与姚江相通，但毕竟现在早已属于城市建成区，有纯野生虎纹蛙分布的概率不高。

蛙鸣如犬吠

专业书籍上说，虎纹蛙食性广泛，捕食各种昆虫，也吃蝌蚪、小蛙、小鱼等，而最有意思的是，“雄蛙鸣声如犬吠”，可惜我没有听过。2014 年之后，我们再也没有在日湖公园找到虎纹蛙。

2016 年 6 月的一个晚上，我又去日湖夜探，刚进入当初发现虎纹蛙的林中湿地，便听见里面传来响亮的鸣叫声：“咣！咣！”每隔几秒叫一声，很像“旺、旺”的狗叫声。我想，这莫非是虎纹蛙在叫？但

夜探日湖公园

找来找去，愣是没找到它——因为这家伙很警觉，一有人走近就停止鸣叫。我只知道它一定躲在某处水草丛中，但不知道具体在哪里。

好运在6月中旬的一个周末降临。那天晚上，我们组织了一次亲子夜探日湖公园的活动。关于这次有趣的夜探之旅，我想与其自己来写，还不如直接引用一个参加活动的小男孩翁禾（当时是小学二年级学生）的作文。以下文字，为小翁同学的题为《夜观日湖》作文的摘录，除把原文中的一些拼音改为汉字，及修正了个别象声词之外，一仍其旧：

> 吃完晚饭，我们到日湖公园集合。大山雀伯伯已经等在那里。他头上戴着一个明亮的大头灯，穿着一套深绿色的迷彩服，背着一个沉重的大摄像包……脚上穿着一双户外雨靴，可以让他到水里拍照。他是宁波著名的博物观察家，也是我妈妈的一位同事。
>
> 我兴奋地跟着大山雀伯伯来到水池边，拿着手电朝水面上

寻找青蛙的身影，只听大山雀伯伯大叫：“快看，快看，有一只金线侧褶蛙！”那金线侧褶蛙趴在荷叶上，两只乌黑乌黑的眼睛盯着我们，好像一点儿都不怕人……

“咣……咣……”水里怎么有这么奇怪的叫声？每隔六七秒一声。我们被吸引过来了。大山雀伯伯兴奋地走进沼泽地里，小心翼翼地靠近那个声音。他蹲下身，在草丛里寻找，我从岸上给他送去一道道强光。可是他刚拍了一张，青蛙就逃走了。回到岸上，大山雀一看照片，惊讶地说：“呀！这是沼蛙！宁波没有发现过的蛙类！”

是的，以上就是沼蛙的发现过程。因为其雄蛙鸣叫声低沉如狗叫，故俗称“水狗”。我的同事说，她儿子以前不喜欢写作文，说没东西写，

沼蛙

没想到跟我夜探了一次后，竟绘声绘色一口气写了约600字。

沼蛙在国内分布较广，数量也多，但此前根据历史记载及我自己的多年野外调查，我推测沼蛙在宁波没有分布。几个月后，我跟宁波市林业局野生动物保护部门的一位人士联系，聊到宁波的蛙类时，对方告诉我，专业调查队员此前在奉化境内也发现了沼蛙。

跟虎纹蛙一样，对日湖公园出现的沼蛙的来源，我也是百思不得其解。尽管它们都是宁波确有分布的野生蛙类物种，但怎么会出现在市区公园里，还是令人好奇。不过，抛开这个问题不谈，单就夜探本身而言，这活动还是很有启发性的：只要持续关注，哪怕在市区公园中都可能惊喜不断，更何况在野外呢？宁波的乡野之间，到底还有多少宝贝不为人知呢？

巧遇弹琴蛙

在夜探自然的过程中，总会发生不少意想不到的有趣的事。迄今我所遇到的最具有戏剧性的夜拍故事，发生在2013年8月19日的晚上。

这个晚上，我们发现并拍到了两种属于宁波新分布记录的蛙类：第一种，弹琴蛙，当晚就确认了；第二种，名字先按下不表，反正在很长时间里都没有弄明白。

好玩的是，那晚在溪流中，第一个反应过来，并说出“弹琴蛙”这个名字的，竟然是我的女儿航航，当时她11岁，刚读完小学五年级。

这到底是怎么回事，且听我细细道来。

“夜间科考开始啦”

2013年8月，对女儿来说，正值暑假。那天，当她听说我和朋友老熊准备一起去山中夜拍时，她对我“苦苦哀求”，一定要跟我们去夜拍，我实在拗不过，只好答应了。

顺便插几句，航航从小到大，所看到的，就是一个“贪玩”的老爸：每到周末家里就不见人影，张口闭口都是鸟啊，蛙啊，蛇啊，野花啊。家里有关博物学、自然观察、自然摄影的书到处都是，更不用说一打开电脑就全是各种野生动植物的图片。多年的耳濡目染之下，航航远比一般的孩子更了解身边的大自然。她曾经跟我去观鸟、看昆虫、拍野花，但此前我从未在夜间带她进山，因为我不敢——夜晚复杂的野外环境对孩子来说实在太危险了。

然而，那天她缠着我不放，一定要跟我们去夜拍。无奈之下，我只好勉强同意，赶紧给她准备好高帮雨靴、头灯、高亮手电、登山杖等防护用品，叮嘱她到时候一定要紧紧跟着爸爸，绝对不能在溪流中乱碰不明物体。她使劲点头。

晚上，我们从宁波市区驱车50多公里，来到奉化溪口镇的岩头村（这个村是蒋介石的原配夫人毛福梅的老家）。著名的剡溪穿村而过，流向溪口。我们夜探的目的地，就是村外的剡溪的上游。一进入溪流，航航很兴奋，情不自禁地喊了一句："夜间科考开始啦！"我差一点笑了出来，同时也有点感动：毕竟，对一个小女孩来说，夜探溪流是多

航航跟着我们夜探溪流

么新奇的体验啊！

我们溯溪而上，慢慢前行。一路上看到很多蛙类：像小鸟一样“叽、叽”叫的天目臭蛙、体色与岩石浑然一体的天台粗皮蛙、能牢牢吸附在急流旁的石壁上的华南湍蛙、从附近田里跳入溪流的黑斑侧褶蛙……不过女儿还是不满足，唠唠叨叨地说：“一条蛇都没有看到呢！”这话说完没多久，我忽然听到身后传来航航“啊”的一声大叫。我吓了一跳，回头一看，只见一条挺粗壮的赤链蛇正急急地钻入草丛。原来，女儿刚才差一点一脚踩到它。随后，我们又看到一条头颈红色的漂亮的虎斑颈槽蛇。尽管如此，女儿又说了：“哎，连一条毒蛇都没看到呢！”后来，在溪流中央的大石头上，我们发现了一条又粗又长的蛇蜕，显然是从一条相当大的蛇身上脱下来的。航航蹲下来，拿起蛇蜕细细观察了半天。

观察蛇蜕

深夜溪畔传来“给、给”声

就这样，不知不觉走了近两公里，大家都有点累了。老熊说要在附近休息一下，于是我和航航继续前行。忽然，我听到溪边传来“给、给”的蛙鸣声，非常响亮。我侧耳静听了好一会儿，对航航说：“这叫声从没听到过！应该是一种我没有见过的蛙！”谁知，女儿略作思忖，便说：“这是弹琴蛙！书上说了，弹琴蛙叫起来就是‘给、给’，标准的普通话发音！”我一拍大腿，是啊，我怎么没想到！自己不久前刚买的有关台湾两栖动物的书上不就是这么说的嘛！在台湾，弹琴蛙被称为“腹斑蛙”,黄一峰等台湾生态摄影师形容这种蛙的叫声很像“给、给”。女儿常翻我的书，所以她看到了这些描述。

父女俩循声爬上溪流的堤岸，发现上面有一个小果园。钻入果园，看到在缓缓流淌的水沟旁有个小水坑，那里果然有一只蛙正在大声鸣叫，喉部的一对声囊一鼓一鼓的。可不，在图鉴上见过好多次了，正是弹琴蛙！这是我第一次见到弹琴蛙。它的背部呈浅棕色，有两条较窄的背侧褶，体侧散布着少量黑色斑点。这是一只正在求偶的雄蛙，它鸣叫得很忘情，相机闪光灯闪了好几下，它还是在“自弹自唱”。

对了，它不是叫“弹琴蛙”吗？照理说雄蛙的鸣叫声应该像琴声才对呀，它为什么只会唱“给、给”呢？一开始我也不明白，后来翻专业书籍才知道，真正的会“弹琴”的蛙，分布在四川峨眉山一带，

正在鸣叫的弹琴蛙雄蛙

不过这种蛙的名字还要好听，叫作“仙琴蛙”——有人还叫它“仙姑弹琴蛙”。我在网上搜索到仙琴蛙的叫声，果然如书上所描述的那样：“登、登、登……”好像有人躲在池塘边的草丛里弹古筝，其声清脆悦耳，而且带有一定的曲调。

原先，无论是本市林业部门发布的关于本地野生动物资源的调查报告，还是专业的《中国两栖动物及其分布彩色图鉴》，都认为弹琴蛙在宁波没有分布，而是分布在更靠南与靠西的地区。当年夏天，我还去杭州植物园夜探，发现园中的池塘中到处都是弹琴蛙，叫声此起彼伏，非常热闹。

但据我多年观察，在宁波，弹琴蛙的分布区域确实有限，数量不多。有一年 5 月的一个周末，我到宁海黄坛镇的深山拍野花，夜宿农家。那个山村的海拔有六七百米，村外是梯田。晚饭后，我带着夜拍器材出去走走，老远就听到从梯田里传来阵阵蛙鸣，是好多种蛙的大合唱。仔细倾听，熟悉的“给、给”声，声声入耳。走到水田里一找，发现到处都是弹琴蛙，有的蹲在田埂上，有的躲在石缝中，有的藏在草丛泥窝里。看来，在宁波，很可能，越靠南的地区，弹琴蛙的数量越多。

一段有趣的插曲

弹琴蛙说完了，但那次夜探剡溪的故事还没结束呢，且回过头来接着讲。那天，我们发现弹琴蛙之后，赶紧喊老熊也过来拍。他老人家背着一大包器材，“吭哧吭哧”地赶来，蹲在水坑边也拍了半天。

这时，我忽然注意到，小水坑边还趴着一只跟弹琴蛙差不多大的蛙，但身体壮硕，像是“肌肉男”的那种。我第一感觉像是棘胸蛙，但又不是特别像，可偏偏说不出哪里不对劲，总之，怪怪的感觉。回到家，我还是把这只蛙的照片扔进了棘胸蛙的文件夹，让它一“躺”就是三年。直到 2016 年的夏天，它的真实身份才揭晓——这是另外一个故事了，我先在这里卖个关子，详情见《“捡”来的大头蛙》。

等老熊拍完，我们就收工准备回家了，上岸沿着山路往回走了近 2 公里，回到了车子旁。那天晚上开的是老熊的车，谁知，老熊东掏西摸半天，忽然说：“糟了，车钥匙不见了！”我说：“半夜三更的，

弹琴蛙

弹琴蛙幼蛙

开什么玩笑！”起初我以为他跟往常一样在开玩笑，谁知这回是真的。这下我们都傻眼了，十之八九，车钥匙是掉溪沟里了，可这么长的溪流，到哪里去找？简直跟大海捞针没啥差别。

一筹莫展之际，我说：“钥匙遗落的最大可能的地点，估计是拍弹琴蛙的小水坑那儿，要不死马当活马医，回去找找？”老熊同意。但关键是孩子怎么办？让航航也再来回走 4 公里？当时想到附近的农家乐敲门，把女儿安顿下来休息。但航航坚决不肯，说愿意跟我们“午夜急行军”。于是，在浓黑的夜色里，我们两大一小重新向山里进发。

谢天谢地！刚进入那个果园，我一眼就看到了那把车钥匙，它的一半被埋在湿漉漉的污泥里……接下来一切顺利，只是，回到家的时候，已是凌晨 3 点左右了。航航在飞驰的车里睡着了。虽然累，但我的心里却感到很安慰，不仅是因为拍到了弹琴蛙，更是因为我知道，孩子能有这样的经历，很好。

顺便说一句，后来，航航手绘宁波的蛙类，画的弹琴蛙，就是那晚我们一起找到的那只在鸣叫的雄蛙。

“捡”来的大头蛙

“捡”来的大头蛙?

难道真的是说,这种蛙是我在路边随意捡到的?当然不是。要知道,福建大头蛙虽说不是什么罕见珍稀蛙类,但它可属于宁波蛙类的新分布记录哦!也就是说,这种蛙早先被认为在宁波是没有分布的。

说来有趣,实际上,我第一次发现并拍到福建大头蛙,是在2013年夏天,但当时我并没有意识到。直到2016年夏天,在和朋友一起到外地夜拍时,一个非常偶然的机会,我才恍然明白,自己早就在宁波见过这种蛙了!

之所以说福建大头蛙是我“捡”来的,是因为整个过程是那么的具有戏剧性,而且,至少从表面上看,“得来不费吹灰之力”。

寻找萤火虫时的偶遇

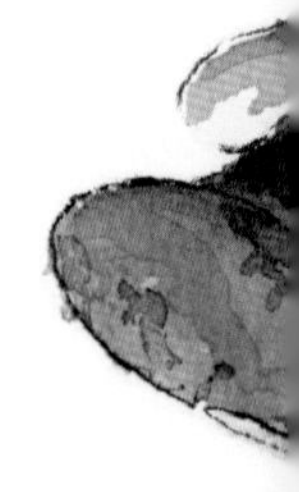

事情得倒着说。

2016年7月初,舟山的朋友小姚约我们一起去桐庐山寻找萤火虫(详见《发光的树》)。当天,我们一群自然摄影爱好者来到桐庐深山的白云源,晚饭后沿着溪边山路徒步前行,边走边寻找蛙蛇、昆虫之类。

一开始被我错认为棘胸蛙的福建大头蛙

"给！给！"前方传来一阵独特的蛙鸣声。我一听就知道是弹琴蛙雄蛙在叫。快步上前，看见山脚的路边有个小水坑，一只弹琴蛙正躲在草丛里鸣叫。不过我对它兴趣不大，搜索的目光倒是落在了水坑边缘的另一只小蛙上，我以前应该没见过这样的蛙。仔细观察，只见其体形大小跟弹琴蛙差不多，背部是较浅的棕黄色，有很多纵向的耸起的"皱褶"（正式的说法叫"肤褶"），四肢短而粗壮，总体给人以"小个子肌肉男"的印象。

"福建大头蛙！"旁边不知谁说了一声。我一听顿时大喜过望，原来这就是福建大头蛙啊，是我一直想拍的呢！早先翻《中国两栖动物及其分布彩色图鉴》，了解到这种蛙在浙江省内主要分布在杭州及以西的山区，宁波未见分布，因此想在去外地夜拍时能找到它。没想到现在这么偶然就遇到了。

随即发现，这水坑里原来有一雌一雄两只福建大头蛙，我们第一眼看到的是雌蛙。雄蛙躲在一旁，靠近草丛，因此一开始没被发现。雄蛙比雌蛙略大一点，其肌肉更为发达，尤其是枕部的位置（从眼睛后面直至头部与背部的相接处）有明显的隆起，如健美运动员展示肌肉一般，看起来非常魁梧壮实。这使得它的整个头部区域看上去有点庞大，故名“大头蛙”。不过，别看它们这么健硕，行动却并不敏捷，跳跃能力不强，我们拍照的时候，它们最多慢慢躲起来，并不迅速跳走。

目前知道的大头蛙属的蛙类在国内共3种，分别是版纳大头蛙（国内分布于云南、广西、广东的小部分区域）、脆皮大头蛙（中国特有种，分布于海南岛）与福建大头蛙。福建大头蛙也是中国特有种，相对而言，其分布最广，也最靠北——最北的分布记录是在江苏的苏州。

随着福建大头蛙的确认，我也解决了另外一个小问题。2014年7月，我和朋友夜探西双版纳热带雨林时，在溪流的水流平缓处，拍到了一只蛙，当时也没能确认是什么蛙。现在简单了，它就是版纳大头蛙的雌蛙，跟福建大头蛙的雌蛙还是挺像的。

版纳大头蛙（雌蛙）

硬盘里“发现”大头蛙

那天晚上，在桐庐没有找到大量萤火虫，幸好偶遇福建大头蛙，让我有点“失之东隅，收之桑榆”的感觉。回宁波后，仔细看福建大头蛙的照片，越看越觉得似曾相识。后来不知怎的灵光一闪，想到了第一次拍弹琴蛙时，旁边那只曾让我捉摸不定的小蛙。于是，我赶紧打开电脑翻硬盘。很快，在标注着“棘胸蛙”的文件夹里，我一下子“拎”出了当年那只“疑似棘胸蛙”。这哪里是什么棘胸蛙呀，分明是一只福建大头蛙雄蛙好不好！

说到这里，想必大家一定还记得，在《巧遇弹琴蛙》一文中，我曾卖了个关子，把初次见到弹琴蛙时发现的另外一种蛙“按下不表”：

> 这时，我忽然注意到，小水坑边还趴着一只跟弹琴蛙差不多大的蛙，但身体壮硕，像是“肌肉男”的那种。我第一感觉像是棘胸蛙，但又不是特别像，可偏偏说不出哪里不对劲，总之，怪怪的感觉。回到家，我还是把这只蛙的照片扔进了棘胸蛙的文件夹，让它在那一“躺”就是三年……

这里的发现时间是 2013 年 8 月，地点为奉化溪口镇岩头村的剡溪上游附近的一个果园中的小水坑。请大家注意，有时候事情真的有惊人的巧合：不管是在桐庐还是奉化，发现福建大头蛙的具体环境，都是山脚的小水坑，同时旁边都有弹琴蛙在鸣叫！

可惜，当年我正摸索着夜探自然，热情虽然很高，但对蛙类确实知之甚少。因为它和棘胸蛙具有相近的体色与背部特征，同时，两者都具有十字形的独特瞳孔——这在宁波蛙类中是不常见的，再加上压根想不到在宁波也会有福建大头蛙分布，所以暂时把它归类为棘胸蛙了。

受此启发，我又想起自己于 2013 年 7 月采写一篇关于捕猎棘胸蛙的报道时遇到的事。当时，在奉化锦屏街道的一个山村，我在夜拍时偶遇偷捕棘胸蛙的人，然后在村外山脚的一个小水坑里，也曾发现一只怪怪的“棘胸蛙”。于是，赶紧找出这只蛙的照片一看，果然不出所料，也是一只福建大头蛙！这才是我第一次在宁波区域内记录到福建大头蛙的野外影像，后来在岩头村发现的那只其实已经是第二只了。

2017 年夏天，一位也喜欢拍摄两栖爬行动物的小伙子告诉我，他在东钱湖附近的洋山村的山里也拍到了福建大头蛙。

大块头有大智慧

综合上述关于福建大头蛙的生活环境的信息，我发现它们无一例外都栖息在山中的小水坑里。这一点跟《中国两栖动物及其分布彩色图鉴》上的描述完全一致：“成蛙常栖息于路边和田间排水沟的小水坑或浸水塘内，白天多隐蔽在落叶或杂草间，行动较迟钝。”

也曾想，福建大头蛙这大块头行动这么迟钝，难道真的是“肌肉

福建大头蛙

发达，头脑简单”吗？不过，由于我对福建大头蛙的观察非常有限，因此对它们的习性知之甚少。后来读到朋友王聿凡在其微信公众号“锤锤博物工作室”上发的一篇大作，我才对福建大头蛙有了更多的了解。必须再次介绍一下，青年才俊王聿凡，网名“锤锤”，是我省调查、研究两栖爬行动物的专家，常年在野外探索。出于对他的敬佩，我常称他为“锤男神”。“锤男神”曾写过一篇题为《福建大头蛙的武力、绅士风度与计谋》的文章，非常有趣。我忍不住在此做一回“文抄公”，摘录部分趣文如下：

> 抱对繁殖时，（福建大头蛙）雄蛙用前肢紧扣雌蛙腋下，其前肢第一指基部具有灰色婚垫，辅助抱紧雌蛙。原以为像大多数蛙一样，雄蛙们若遇到待产卵的雌蛙就会大打出手，争相抱对，互相踢踹，然而这些情况并没有发生在福建大头蛙的行为里。
>
> 观察中发现，福建大头蛙虽然在争夺地盘时打得你死我活，但抱对时却很有绅士风度，竟然会讲究先来后到，只要有一只雄蛙成功抱对，其他雄蛙便不再争夺雌蛙，而是继续守着水潭鸣叫吸引其他雌蛙。……小个子的年轻雄蛙不会招摇地大声鸣叫，也不会自不量力地与那些大块头发生正面冲突，而是安安静静蹲在一边，把自己“伪装”成一只不产卵的雌蛙（雄蛙只会抱即将产卵的雌蛙，产完卵后便分开），因此大个子雄蛙并不会去驱赶这小个子。当真正的雌蛙过来时，这只“安能辨我是雄雌”的狡猾雄蛙伺机抱住雌蛙。因为其他雄蛙的“绅士风度”，小个子雄蛙一旦成功抱对便是取得了交配权。

看，多么有声有色，简直像是在看小说。这不仅归功于“锤男神”的细致观察与生花妙笔，更归功于大自然无处不在的奇妙。大块头确实有大智慧，不是吗？

寻“胡子蛙”不遇

2015年年底，我曾经写过一篇《寻“万鱼户”不遇》的文章，说的是我们于当年11月去丽水景宁，想要拍一只绰号为“万鱼户”的东方白鹳却失之交臂的故事。那次，我们到的时候，这只因迁徙迷途而在那里已经逗留了两个月之久的东方白鹳，恰好于两天前飞走了。

问题是，为什么我拖了两个月才去拍这只东方白鹳？一开始固然是没时间，而到后来，我又想，11月下旬是俗称“胡子蛙”的崇安髭（音同“资”）蟾的繁殖时间，丽水离宁波这么远，去一趟不容易，何不趁拍东方白鹳的同时，也把“胡子蛙”给收了？

然而，人算不如天算，很遗憾，寻“万鱼户”不遇，后来寻“胡子蛙”竟然又不遇。另外，为了方便起见，这里也把寻大树蛙不遇的故事也一并记录下来。

深秋高山寻奇蛙

可能很多人很好奇，崇安髭蟾是怎么样的一种动物？为什么又叫“胡子蛙”？

说真的，我比大家更好奇，所以才会不惜来回800多公里去寻找它，可惜没有亲眼见到，因此也只能搜罗资料，给大家一个关于崇安髭蟾的大致印象。先从它的名字说起。崇安，是地名，位于福建省武夷山市；髭，即髭须，胡须的意思，认真说来，“唇上曰髭，唇下为须”；蟾，是说它是锄足蟾科髭蟾属的两栖动物。显然，关键词是“髭”，原来，其成年雄蟾的上唇两边生有一对黑色的角质刺（有的为两对刺），看上去跟不修边幅的男人一样，胡子拉碴，故名“髭蟾”。崇安髭蟾是我国特有的珍稀蟾类，栖息在海拔 1000 米左右的林木繁茂的山区，在以武夷山为中心的福建、浙江、江西三省交界的地带分布较多。

崇安髭蟾平时藏匿得很好，难以见到。它有个奇特的习性，即在秋末冬初繁殖。到了深秋 11 月，绝大多数两栖动物都已进入冬眠，而此时却正是崇安髭蟾的求偶时节。雄蟾于入夜后进入溪流，大声鸣叫以吸引雌蟾，有人说，那是“鹅叫般的洪亮鸣声”。

那次，我和妻子，还有朋友孙小美，先到景宁兴冲冲地去找东方白鹳，结果大失所望。我还开玩笑说，没事没事，接下来我们去找“胡子蛙”崇安髭蟾，这个不会飞走的，而且有专家“锤男神”同行，一定可以拍到的！

于是，我们又从景宁县赶到龙泉县，与事先约好的“锤男神”他

崇安髭蟾，可惜它没有长“胡子”（王聿凡 摄）

崇安髭蟾蝌蚪
崇安髭蟾（王聿凡　摄）

们在山中某村落碰头。当天晚上，一行人驱车来到海拔约1000米的高山上，在一条溪流附近停车。这地方“锤锤”以前做调查时来过。时值11月底，又是在这么高的山上，气温之低可想而知。但我们都很兴奋，心想马上就可以看到传说中的“胡子蛙”了。

刚沿着溪畔走了没多久，左边山坡上就出现了一双亮晶晶的眼睛，不知道是什么野生动物。大家都惊呼了起来。走在队伍前面的“锤锤”前去察看，不过这双眼睛马上就消失在了黑暗中。“锤锤”说，应该是一种麂（小型鹿科动物），已经跑掉了。于是我们进入溪流，开始找髭蟾。“锤锤”说，奇怪，怎么没有听到叫声？一行人分头仔细找，可惜一只髭蟾都没有找到。当然也不能说一无所获，至少我们发现了很多崇安髭蟾的蝌蚪。这些蝌蚪都是好几厘米长的大个子，隐伏在冰凉的溪水下的石头边。仔细看，它们的尾部与背部相接处，有一条浅色斑，形似大写的英文字母“Y”，也很像一条鱼的分叉的尾。由于高山上水温低，崇安髭蟾的蝌蚪要经过1~2年才能完成变态，成为成蟾。显然，这些大蝌蚪应该是前一年秋天孵化出来的。

那天晚上，我们没有找到成蟾，究其原因，估计是我们错过了它们的繁殖季节：要么来晚了，要么来早了。

这次丽水之行，原想一举两得，结果是“一举两不得”。世间之事，往往如此。

几番错过大树蛙

崇安髭蟾毕竟是在宁波没有分布的两栖动物，况且其种群数量本来就不多，因此偶尔去外地一次，没找到是正常的。至于大树蛙，则分布范围广，在宁波也有，总体数量相对较多，但遗憾的是，尽管我曾多次去外地或在宁波本地寻找，却依然缘悭一面。因此，大树蛙成了宁波30种两栖动物中，唯一一种我没有拍到过的物种。

“锤锤”说，在余姚地区的四明山中，他曾见过大树蛙。可惜我没有专门抽时间去那一带寻找。这主要是因为我有点偷懒心理。我想，大树蛙虽然在宁波比较罕见，但在杭州及杭州以西的山区，其实是挺常见的，因此不急于在本地寻找。我只在宁波市内找了没几个地方，因一无所见，就暂时放弃了。

记得第一次去找大树蛙，是 2013 年 9 月初去杭州夜探。那次先和老熊、金黎、姚晔等朋友一起去杭州西郊的山中，没找到大树蛙，倒看到不少东方蝾螈的亚成体（即未成年的个体），后来又到杭州植物园的某个位置找。朋友说，尽管早已过了大树蛙的繁殖季节，但还是有希望见到。然而，很可惜，在植物园里也没找到一只。大家分析，这两年抓大树蛙的宠物贩子很多，杭州周边大量的大树蛙都被这些违法分子抓走了。

2015 年 6 月底，事先问明了大树蛙在临安天目山的一个确切分布地点，我约了老熊和李超一起去那里。原以为这次是十拿九稳了，谁知，大老远赶到那里，除了见到很多角蟾，依旧连大树蛙的影子都没有看到，再次铩羽而归。

类似这样的事情还有几次，不再一一列举了，真所谓“说起来都是泪”。到天目山都没有找到大树蛙，其实原因很简单，那就是我错过

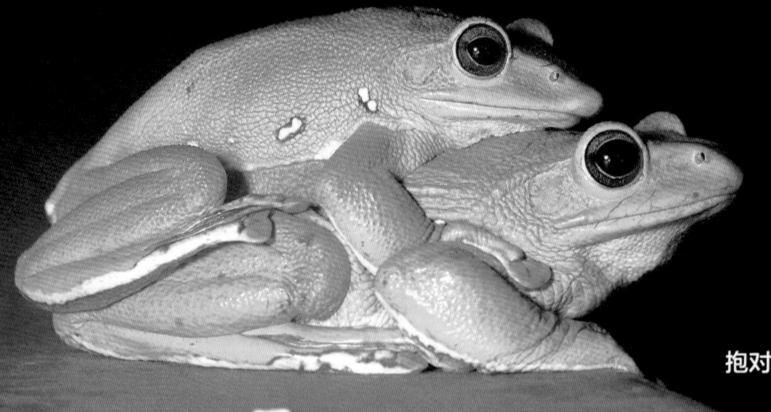

抱对的大树蛙（金黎　摄）

大树蛙（金黎　摄）

了它们的繁殖季节。金黎多次跟我说，大树蛙的繁殖期在四五月间，尤其在雨后更容易见到，它们会出现在水塘附近抱对产卵，但一过了繁殖期，就在树上或竹林中活动，常在高处，我们自然很难见到了。

转眼到了 2018 年春天，我还是没有见到过别人已经拍得不要再拍的大树蛙。4 月底，好心的金黎又跟我说，最近有空来杭州吧，他陪我去拍大树蛙，保证拍到。可是，到了“五一”假期，我却又计划去上海南汇海边的“魔术林”拍迁徙的鸟，心想大树蛙总是在的，先放一放，不急。结果，那个假期，海边鸟况惨淡，没拍到啥东西，于是心里又后悔了，早知道不如去杭州。接下来，5 月的周末都没空，于是原本计划 2018 年一定要拍到大树蛙的心愿又落空了。

教训是：很多事，实在是不能轻易“放一放”的，在合适的时机，该出手时就出手，否则，难免会落得个“近在眼前，远在天边”的结果。

国宝“娃娃鱼”

宁波两栖动物中最珍稀的物种是什么？哦不，应该说，宁波所有野生动物中最珍稀最独特的是什么？

答案只有一个：镇海棘螈。

理由是：一、这个物种是宁波独有的，即在全球范围内只在宁波有分布；二、它的种群数量极少，被列为极度濒危物种。前些年，北仑承办中国国际女子排球赛等赛事时，所使用的吉祥物“圆圆”的原型即为镇海棘螈。

普通人对镇海棘螈这种稀有而神秘的物种并不了解，通常把两栖类有尾目的相关物种称为“娃娃鱼”。除了镇海棘螈这种堪称“国宝级”的物种，在宁波有野生分布的“娃娃鱼”，还包括中国瘰螈、东方蝾螈、秉志肥螈与义乌小鲵。考虑到本书中所介绍的宁波两栖动物的完整性，我拍到这些物种虽然多数不是在晚上，但也在这里一并记录之。

“镇海棘螈进我家了”

“我觉得它很可能是镇海棘螈，它又到我家里了！”2013 年 5 月 9 日傍晚，鄞州区东吴镇的村民老蔡激动地打通了《宁波晚报》的新闻

镇海棘螈

热线。社会新闻部的同事马上喊我过去听这个电话。当时，我对老蔡发现镇海棘螈的说法是有怀疑的，因为他所说的地点是一个全新的分布点。

次日上午，我来到老蔡所说的镇海棘螈的发现地，那是在山脚的溪流末端的一个水潭边，紧挨着老蔡的住处及菜地。见到老蔡养在水桶里的“小怪物”，我大吃一惊，竟然真的是大名鼎鼎的镇海棘螈！这是我第一次见到活体。小家伙看上去丑丑的，但还是挺可爱的：全身呈棕黑色，扁而宽，体长 10 厘米多一点，浑身布满了大小不一的疣粒，背部中央有一条明显突出的脊线。其前肢各有 4 指，而后肢各有 5 趾，指和趾的前端为鲜明的橘黄色。

“老蔡，你怎么知道它是镇海棘螈？”我很好奇。

“其实，早在 2009 年冬天，我就见过它了。那次是在菜地中干活，刚翻开土层就见到了这东西，黑乎乎的，吓了我一跳。后来，每年春天都会遇到它。有一次它甚至爬进了院子里。”老蔡说，“今年初，我去北仑九峰山游玩，在那里看到了镇海棘螈的标本，才突然想到，自

镇海棘螈

已看到过的‘小怪物’很像镇海棘螈！巧的是，我老婆又在小水潭边发现了它。”

显然，这个小水潭是镇海棘螈的繁殖场所。由于此前老蔡在水潭上面加了一个遮阳棚，因此这里环境比较阴湿，哪怕上游的小溪在高温少雨季节接近断流的时候，这个水潭里依旧能保持较多的水量，且水质清澈。

我们马上与林业部门取得了联系。老蔡说，自己愿意尽力配合政府部门，对这个新发现的镇海棘螈繁殖点采取保护措施。考虑到老蔡的住处就在镇海棘螈发现地附近，林业部门的工作人员就暂时先委托老蔡一家平时照管好那块栖息地，日后再予以一定的补助或奖励。

随后，老蔡把这条镇海棘螈（是雌性，因为它后来产卵了）在水潭附近放生了。它趴在阴暗潮湿的枯叶堆里，保护色极好，如果不仔细看的话，我们根本发现不了。

有意思的是，2014 年 4 月中旬，老蔡又给我打电话，说又有一条雌性镇海棘螈出现在老地方，也产了卵。

夏天的晚上，我曾多次到老蔡的住处，发现不仅镇海棘螈喜欢这个水潭，连棘胸蛙都有不少。每次去，都可以看到有棘胸蛙蹲在岸边石头上，但我们刚一接近，警觉的它们就“扑通、扑通”跳入水里。

保护好“活化石”

镇海棘螈是名副其实的活化石，距今已有约 1500 万年历史。它们喜欢生活在森林植被茂盛、人为活动少、枯枝落叶较多、阴暗潮湿的地区，白天很少活动，晚上出来觅食。该物种最早是由张孟闻先生于 1932 年在镇海县城湾村发现的，当时被命名为“镇海疣螈”，唯一的模式标本因日军侵华而遗失。1978 年，蔡春抹先生在宁波市镇海县瑞岩寺（现属北仑区）附近再次发现了它。次年，专家们又采到标本，

并将其定名为“镇海棘螈”。目前它被列为国家二级保护动物。

镇海棘螈比大熊猫还稀有，而且分布区域极为狭窄。近年来，随着专业调查的深入以及民间人士的偶然发现，镇海棘螈的分布点比以往所了解的有所增加，但仍然极少，而且主要分布在很小的一个范围内。镇海棘螈对环境质量要求很高，再加上行动迟缓，迁移能力很弱，因此对所在环境的依赖性很强。20 世纪 90 年代，宁波市在北仑林场建立了封闭的镇海棘螈保护区，并对它们采取人工繁育等措施。中国科学院成都生物所也针对镇海棘螈进行专项研究，实施人工繁育与野外放生，以增加其种群数量。

2017 年 5 月，我有幸跟随浙江省林业厅的专项调查人员，来到受到严格保护的镇海棘螈保护区。这些国宝“娃娃鱼”繁殖的水塘都很小，里面的水来自山上的涓涓细流，非常清澈。周边植被繁茂，大树遮天蔽日，水塘附近全是厚厚的落叶。在专家指点下，我才看到，镇海棘螈的卵就产在水塘边疏松湿润的泥土中，每颗卵都晶莹剔透，而且当时已有小棘螈的胚胎。当小家伙们出来后，要么靠自己的弹跳，要么靠雨水冲刷，进入水塘进行下一阶段的生长发育。不过，当它们完成变态，成为成体，重新上岸后，从此就开始陆栖生活，再也不会下水。

镇海棘螈的卵产在松软的泥土中

值得警惕的是，近年来仍然有盗捕的黑手伸向镇海棘螈。2012年，国外专家在日本的宠物市场上赫然发现了镇海棘螈，每条都被索要高价。近两年，国内也有个别用心不良的人，打着“公益”与“保护珍稀镇海棘螈”的旗号，利用网络筹钱，然后中饱私囊。更恶劣的是，这种人还把相关标识牌插到了某个新发现的镇海棘螈繁殖点的周边，简直是唯恐别人不知这里有国宝级的野生动物分布。当一直关注镇海棘螈保护的人士告知我这一消息后，我马上将情况反映给了宁波市森林公安局，使此事得到处理。

“中国瘰螈”现身樟溪

上文提到，镇海棘螈的模式标本产于宁波镇海。巧的是，下面要亮相的“小娃娃鱼”的模式标本产地也是在宁波。它就是中国瘰（音同“裸”）螈。

那么，到底什么叫“模式标本”呢？通俗地说，世界上首次被发现并经过描述、鉴定、公开发表后的新物种所制成的标本，才可以称

为“模式标本”。地球上每个物种均只有唯一的一件“模式标本”，这件“模式标本”是物种分类的参照物。因此，“模式标本”具有无可替代的价值。

2011 年 11 月下旬，李超兴冲冲地告诉我，他在四明山山脚下的樟溪里拍到了一种没见过的蝾螈！后经确认，李超拍到的这种蝾螈名为“中国瘰螈”，俗称“水壁虎”，鲜有人见过。

我和李超一起来到溪边寻找中国瘰螈。果然，在两米外的水底下，有一条褐色的蝾螈在慢慢移动，其长度有十几厘米，看上去极像微型鳄鱼。它的体色跟水底石头的颜色非常接近，不留意的话真的很难发现。不久，在附近，我们又发现了一条，看上去体形略小。

等了很久，有一条中国瘰螈游到了岸边，让我们抓住机会拍了几张照片。但很快，似乎是感觉到了异常，它又游向远处，消失在石缝、

中国瘰螈

水草之间。不过，我已看清楚了，中国瘰螈的皮肤非常粗糙，背部中央有暗红色的纵棱，腹部有橘红或黄色斑块。

这种小家伙喜欢栖息于平缓的山区溪流中，对水质要求较高，常隐蔽在水底的石块间或腐枝烂叶下，阴雨天气会上岸在草丛中捕食蚯蚓、昆虫等。它们在浙江、安徽、福建等地均有分布，但近年来由于水质污染、生态环境破坏、人为捕捉等原因，分布区域趋于缩减，种群数量下降。

有趣的是，就在2013年5月，《宁波晚报》报道了新发现镇海棘螈的事情后，没过两天，又有读者来报料，说有人在奉化尚田镇山区的山塘夜钓时发现了一种很像镇海棘螈的动物。我赶紧去奉化看了，那是一条中国瘰螈。

原来，那天晚上，奉化的王先生在结束夜钓、准备收竿回家时，拉起水中的网箱，发现里面有条黑乎乎的"小娃娃鱼"正在吃鱼，它的腹部还有很多橘黄色斑点。出于好奇，王先生就把这小怪物带回了家，想弄清楚它的真实身份。他查了一些资料，觉得它有点像镇海棘螈，于是就赶紧联系了媒体，以寻求帮助。后来，在森林公安的陪同下，王先生再次来到那个山塘，将这条中国瘰螈原地放生。

沦为宠物的小"娃娃鱼"

我几次到一些自然环境好的山区景点游玩，都看到有人在路边卖小"娃娃鱼"——主要有秉志肥螈、东方蝾螈等。当地人根本不知道这些小型两栖动物对环境的重要性，更不用说其在学术研究方面的价值，完全将它们当成了给孩子玩的小宠物，于是大量捕捉。此外，也有成人喜欢把它们当特殊宠物养。在栖息地环境破坏与人为捕捉的双重压力下，这些小"娃娃鱼"日益稀少。

秉志肥螈与东方蝾螈在宁波分布均较广，尤其是前者，我曾多次

秉志肥螈

在野外见到。秉志肥螈全长可达16厘米左右，皮肤光滑，体侧通常有橘红色的斑点，是宁波的几种小“娃娃鱼”中个子最大、颜值最高的一种。有时进山拍照，在沿溪行走的时候，会偶然发现一两条秉志肥螈栖息在水流平缓处的水底石块旁。它们白天休息，晚上出来，在水底爬行觅食。有一次，我在宁海的深山峡谷中夜拍时，刚好见到一条秉志肥螈，于是使用水下相机拍了几张它在水下的影像。

东方蝾螈则是小个子，体长通常只有六七厘米，最长也不超过10厘米。其背部皮肤呈黑色，腹部则为显眼的橘红色并有黑斑。我在杭州附近的山上还拍到过东方蝾螈的幼体，由于其具

东方蝾螈的幼体只有外鳃

东方蝾螈（姚晔 摄）

有明显的外腮，因此有人说它像“六角恐龙”。我的朋友姚晔在浙江桐庐还拍到过一种体色独特的东方蝾螈——其体表呈灰棕色，多黑斑，一开始猜测这有可能是一种未曾被发表过的新物种，但后来研究证明它还是东方蝾螈。

至于本文一开始提到的义乌小鲵，其生存处境则比秉志肥螈和东方蝾螈更为危险。义乌小鲵目前仅见于浙江少数地区，宁波市内也有个别分布点。这些已知的分布点的原生态环境，一旦受工程建设等因素的影响而改变，它们将无处栖息。跟中华蟾蜍、镇海林蛙一样，义乌小鲵也是在冬季繁殖的两栖动物，其繁殖期主要在 12 月中旬至次年 2 月。有一年冬天，我跟随专业调查人员，才有幸在某个山区的小水塘边见到了刚产完卵不久的义乌小鲵。

上面介绍完了在宁波有野生分布的 5 种两栖类有尾目（注：蛙类属于无尾目）动物。至于大“娃娃鱼”，即大鲵，虽然在宁波的野外环境里也出现过，并且有新闻报道称那应该是纯野生的个体，但我个人始终对此持保留态度。我认为近几年在宁波野外偶然出现的大鲵，全部是人工养殖的个体，极有可能是因为从养殖场逃逸或被人为放生而出现在了野外。大鲵的野外种群数量非常少，目前属于极度濒危物种。目前国内的大鲵养殖场不少，宁波也有。

义乌小鲵，体长 10 厘米左右

大鲵，体长通常为 1 米左右，最长接近 2 米

宁波蛙类速览

宁波到底有多少种野生蛙类?

十几年前，宁波市林业局发布的野生动物资源调查资料显示，宁波的蛙类有十六七种。不过，这个数字如今早已被刷新了。目前已知，宁波至少分布着25种原生蛙类（以下蛙名与分类均依据权威工具书《中国两栖动物及其分布彩色图鉴》，基本描述部分亦主要参考此书），另外还有一种外来蛙类，即牛蛙。为了便于大家快速了解这些蛙类，特将它们“集纳”在这里，提供了它们的拉丁文学名、英文名、形态特征与习性等基本信息。

另外，所附物种“受胁等级”是指该物种的濒危等级标准，采用国际通行的表述方式，从无危到极危到表述方式如下（分别为汉语、英语及英文缩写）：无危 Least Concern（LC）、近危 Near Threatened（NT）、易危 Vulnerable（VU）、濒危 Endangered（EN）、极危 Critically Endangered（CR）。

宁波蛙类一览表

原生种	蛙科	镇海林蛙、金线侧褶蛙、黑斑侧褶蛙、天台粗皮蛙、弹琴蛙、沼蛙、阔褶水蛙、小竹叶蛙、大绿臭蛙、天目臭蛙、凹耳臭蛙、华南湍蛙、武夷湍蛙
原生种	蟾蜍科	中华蟾蜍（指名亚种）
原生种	雨蛙科	中国雨蛙
原生种	角蟾科	某种新种角蟾
原生种	叉舌蛙科	泽陆蛙、虎纹蛙、棘胸蛙、福建大头蛙
原生种	树蛙科	大树蛙、斑腿泛树蛙
原生种	姬蛙科	饰纹姬蛙、小弧斑姬蛙、合征姬蛙
放生或逃逸种		牛蛙

1. 镇海林蛙

Rana zhenhaiensis Ye, Fei and Matsui, 1995

英文名 Zhenhai Brown Frog

形态特征 中等体型蛙类，雄蛙体长40~54毫米，雌蛙36~60毫米。皮肤较光滑，背部及体侧有少数小圆疣，背侧褶细窄。体背面多为棕灰色或棕红色。

生物学资料 主要生活在山区，喜欢植被较为繁茂的环境。1月下旬至4月繁殖，这一时期雄蛙发出“叽嘎、叽嘎”的低沉叫声。

宁波种群状态 宁波山区广布。

受胁等级 无危 LC。

2. 金线侧褶蛙

Pelophylax plancyi（Lataste, 1880）

英文名 Beijing Gold-striped Pond Frog

形态特征 中等体型蛙类，雄蛙体长53~60毫米，雌蛙65~71毫米。皮肤光滑或有少量疣粒，鼓膜较大，体背面绿色，棕黄色的背侧褶较宽，腹部鲜黄色。

生物学资料 主要生活在低海拔的池塘内。成蛙多匍匐在塘内杂草间或荷叶上，昼夜外出觅食。10月下旬至次年4月为冬眠期，4月下旬出蛰，繁殖期为4~6月，雄蛙鸣声“叽、叽”，如小鸡叫声。

宁波种群状态 宁波平原湿地较多见。

受胁等级 无危 LC。

3. 黑斑侧褶蛙

Pelophylax nigromaculatus（Hallowell, 1860）

英文名 Black-spotted Pond Frog

形态特征 中大型蛙类，雄蛙体长 49~70 毫米，雌蛙 35~90 毫米。背面皮肤较粗糙，背侧褶宽，其间有长短不一的肤棱。体色变异大，多为绿色、褐色，体背或体侧通常有黑斑。

生物学资料 广泛生活在平原、山区的水田、池塘等湿地内。白天隐蔽于草丛和泥窝内，黄昏和夜间外出觅食,跳跃能力强,一次可跳跃 1 米以上。10~11 月至次年 3~4 月为冬眠期，繁殖期为 3 月下旬至 4 月。

宁波种群状态 不常见。

受胁等级 因过度捕捉和栖息地环境质量的下降，其种群数量急剧下降。受胁等级定为“近危 NT”。

4. 天台粗皮蛙

Rugosa tientaiensis（Chang, 1933）

英文名 Tientai Rough-shinned Frog

形态特征 中型蛙类，雄蛙体长 38~51 毫米，雌蛙 45~57 毫米。体背腹面均很粗糙，全身满布疣粒。

生物学资料 生活于中低海拔的山区，多栖息在较开阔的溪流内，白天隐匿在岸边石隙或泥土内，夜晚蹲在溪中石块上。7 月是繁殖高峰期，雄蛙发出“咽、咽”的连续鸣声。

宁波种群状态 在奉化、余姚等地的部分溪流中有分布，不常见。

受胁等级 其种群数量不断减少。近危 NT。

5. 弹琴蛙

Nidirana adenopleura（Boulenger, 1909）

英文名 East China Music Frog

形态特征 中等体型蛙类，雄蛙体长53～58毫米，雌蛙54～60毫米。躯体较肥硕，皮肤较光滑，背侧褶明显。

生物学资料 主要生活在山区的梯田、湿地、水塘及附近。白天隐匿在石隙间，夜晚外出活动。繁殖期为4～7月，雄蛙鸣声为“给、给”。

宁波种群状态 宁波地区分布不多，奉化、宁海等地山区偶见。

受胁等级 无危 LC。

6. 沼蛙

Boulengerana guentheri（Boulenger, 1882）

英文名 Guenther's Frog

形态特征 中大型蛙类，雄蛙体长59～82毫米，雌蛙62～84毫米。瞳孔横椭圆形，皮肤光滑，背侧褶明显。体色多为棕色，体侧有不规则黑斑。

生物学资料 多栖息于平原、山区的水田、池塘或水坑内，常隐蔽于水生植物丛中或泥洞内。繁殖期多在5～6月，雄蛙发出低沉似狗叫的“光、光”声，故俗称“水狗”。

宁波种群状态 宁波地区分布较少，罕见。

受胁等级 无危 LC。

7. 阔褶水蛙

Sylvirana latouchii（Boulenger, 1899）

英文名 Broad-folded Frog

形态特征 中小型蛙类，雄蛙体长 36~40 毫米，雌蛙 42~53 毫米。皮肤粗糙，背侧褶较宽。体背面多为褐色。

生物学资料 生活于平原、山区的水田、池塘或水沟附近，很少在溪流内。白天隐蔽于草丛中或石穴内。繁殖期在 3~5 月，雄蛙发出“唧唧”的鸣声，一般连续两三次。

宁波种群状态 宁波地区广泛分布,但不是很常见。

受胁等级 无危 LC。

8. 小竹叶蛙

Bamburana exiliversabilis（Fei, Ye and LI, 2001）

英文名 Fujian Bamboo-leaf Frog

形态特征 中型蛙类，雄蛙体长 43~52 毫米，雌蛙 52~62 毫米。背面皮肤较光滑，背侧褶细窄，两眼之间有一个小白疣。体色变异大，棕色、绿色、褐色都有。脚趾末端吸盘显著。

生物学资料 生活于森林茂密的山区溪流内。

宁波种群状态 罕见。

受胁等级 因栖息地环境质量的下降，其种群数量稀少。近危 NT。

9. 大绿臭蛙

Odorrana graminea（Boulenger, 1899）

英文名 Large Odorous Frog

形态特征 中大型蛙类，雄蛙体长43~51毫米，雌蛙85~95毫米。皮肤光滑，背侧褶很细。体背面多为纯绿色，有的个体有褐色斑点，两眼间有一个小白点。

生物学资料 生活于森林茂密的山区溪流内。白天隐蔽于溪流岸边石头下或密林的落叶间。繁殖期在5~6月。

宁波种群状态 不常见。

受胁等级 无危LC。

10. 天目臭蛙

Odorrana tianmuii Chen, Zhou and Zheng, 2010

英文名 Tianmu Odorous Frog

形态特征 中大型蛙类，雄蛙体长39.4~45.9毫米，雌蛙68.1~81.9毫米。皮肤光滑，无背侧褶。背面黄绿色，多褐色斑。

生物学资料 生活于山区溪流内，夜间活动为主。繁殖期，雄蛙在夜间发出“吱！吱！”的如小鸟般的鸣叫声。

宁波种群状态 常见。

受胁等级 无危LC。

11. 凹耳臭蛙

Odorrana tormota（Wu, 1977）

英文名　Concave-eared Odorous Frog

形态特征　中小型蛙类，雄蛙体长 32~36 毫米，雌蛙 59~60 毫米。背部满布细小痣粒，棕色，具小黑斑，背侧褶明显。雄蛙鼓膜凹陷明显，雌蛙略凹。

生物学资料　生活于森林茂密的山区溪流内。白天隐蔽于阴湿的土洞或石穴内，夜晚栖息在溪旁灌木枝叶上或石头上。繁殖期在 4~6 月，雄蛙发出“吱”的单一鸣声。

宁波种群状态　罕见，目前只在余姚等部分地区的溪流中发现。

受胁等级　种群数量稀少，易危 VU。

12. 武夷湍蛙

Amolops wuyiensis（Boulenger, 1899）

英文名　Wuyi Torrent Frog

形态特征　中小型蛙类，雄蛙体长 38~45 毫米，雌蛙 45~53 毫米。皮肤较粗糙，无背侧褶。体背面多为黄绿色或灰棕色，雄蛙第一指基部有黑色婚刺。

生物学资料　生活于山区溪流内，白天隐蔽于溪边石穴内，夜间出现在溪中石头上。繁殖期在 5~6 月，雄蛙在夜间发出“届、届”的鸣叫声。蝌蚪白天栖息于石下，夜晚在溪边浅水处，常集群活动。

宁波种群状态　不常见。

受胁等级　无危 LC。

13. 华南湍蛙

Amolops ricketti（Bouettger, 1899）

英文名　South China Torrent Frog

形态特征　中小型蛙类，雄蛙体长 42~61 毫米，雌蛙 54~67 毫米。皮肤粗糙，背部与体侧满布细小痣粒，无背侧褶。体背面多为黄绿色、灰绿色或棕色。雄蛙第一指基部有乳白色婚刺，无声囊。

生物学资料　生活于山区溪流内，白天少见，夜间栖息在溪中石头上。繁殖期在 5~6 月，雄蛙不会鸣叫。蝌蚪生活在急流中，常吸附在石头上。

宁波种群状态　常见。

受胁等级　无危 LC。

14. 中华蟾蜍（指名亚种）

Bufo gargarizans gargarizans Cantor, 1842

英文名　Zhoushan Toad

形态特征　大型蟾蜍，雄蟾体长 79~106 毫米，雌蟾 98~121 毫米。皮肤非常粗糙，仅头部平滑。耳后腺鼓起，呈长圆形。体背面以棕黄色居多。

生物学资料　生活于各种环境中，可在远离水源的陆地活动，食性很广。在宁波地区，早春二月就已在水塘中抱对繁殖，蝌蚪全黑。

宁波种群状态　常见。

受胁等级　无危 LC。

15. 中国雨蛙

Hyla chinensis Gunther, 1858

英文名　Chinese Tree Toad

形态特征　小型蛙类，雄蛙体长30~33毫米，雌蛙29~38毫米。背部皮肤光滑，绿色，腹部浅黄色，体侧有黑斑。

生物学资料　生活于低海拔山区，白天隐蔽于石缝内或植物上，在春夏时节的雨后大量出现并繁殖，雄蛙常在叶片上连续大声鸣叫，声音高而且急。

宁波种群状态　常见。

受胁等级　无危LC。

16. 宁波角蟾

（暂名，尚未被发表的新物种）

英文名　Ningbo Horned Toad（暂名）

形态特征　小型蛙类，体长约30毫米，背面皮肤较粗糙，体色以棕褐色或棕红色居多。

生物学资料　生活在山区溪流，夜晚外出活动，雄蛙在溪边石头上或草丛中连续鸣叫，声音急促单调。

宁波种群状态　在宁波部分山区的溪流中有发现。

受胁等级　未评估。

17. 泽陆蛙

Fejervarya multistriata (Hallowell, 1860)

英文名 Hong Kong Rice-paddy Frog

形态特征 小型蛙类，雄蛙体长 38~42 毫米，雌蛙 43~49 毫米。皮肤较粗糙，背部有数行纵肤褶，无背侧褶。

生物学资料 生活于平原、山区的水田、池塘或水沟附近，很少在溪流内。昼夜活动，主要在夜间觅食。繁殖期长达五六个月，4 月中旬至 5 月中旬、8 月上旬至 9 月为产卵盛期。

宁波种群状态 常见。

受胁等级 无危 LC。

18. 虎纹蛙

Hoplobatrachus chinensis (Osbeck, 1765)

英文名 Chinese Tiger Frog, Chinese Bullfrog

形态特征 大型蛙类，雄蛙体长 66~98 毫米，雌蛙 87~121 毫米。背部皮肤粗糙，满布排列成纵行的肤棱，无背侧褶。背面多为黄绿色或灰棕色，有不规则的深绿或褐色斑纹。

生物学资料 生活于平原、山区的水田、池塘或水沟附近，白天隐匿在水边的洞穴内，夜间外出活动，跳跃能力很强，稍有响动即迅速跳入深水中。繁殖期为 3~8 月，雄蛙鸣声如犬吠。

宁波种群状态 罕见。

受胁等级 种群数量稀少，易危 VU。

19. 棘胸蛙

Quasipaa spinosa（David, 1875）

英文名 Giant Spiny Frog

形态特征 大型蛙类，雄蛙体长 106~142 毫米，雌蛙 115~153 毫米。背部皮肤较粗糙，长短疣断续排列成行，无背侧褶。体背面颜色变异大，多为黄褐色、褐色或棕黑色，两眼间有深色横纹。

生物学资料 生活于林木繁茂的山区溪流内，白天多隐蔽于石穴或土洞内，夜间多蹲在溪中石头上。繁殖期为 5~9 月。

宁波种群状态 受栖息地环境质量下降且被大量捕捉影响，越来越少见。

受胁等级 种群数量稀少，易危 VU。

20. 福建大头蛙

Limnonectes fujianensis Fei and Ye, 1994

英文名 Fujian Large-headed Frog

形态特征 中等体型蛙类，雄蛙体长 47~61 毫米，雌蛙 43~55 毫米。皮肤较粗糙，具短肤褶，无背侧褶。雄蛙头部较大，后枕部高起。背面多为黄褐色或灰棕色，肩上方有一个“八”字形深色斑。

生物学资料 生活于山区，成蛙常栖息于路边或田间排水沟的小水坑内，白天多隐匿在落叶或杂草间，行动较迟钝。繁殖期较长。

宁波种群状态 少见。

受胁等级 无危 LC。

（金黎　摄）

21. 大树蛙

Rhacophorus dennysi Blanford, 1881

英文名 Large Treefrog

形态特征 大型蛙类，雄蛙体长68～92毫米，雌蛙83～109毫米。背部皮肤较粗糙，有小刺粒，无背侧褶。背面绿色，多数有棕黄色或紫色斑点。

生物学资料 生活于山区的树林里或附近的田边、灌木丛中。主要繁殖期为4～5月，傍晚后雄蛙发出“咕噜、咕噜”或“咕嘟咕”的连续而清脆、洪亮的叫声。

宁波种群状态 罕见，目前仅知在余姚的部分四明山区有分布。

受胁等级 无危LC。

22. 斑腿泛树蛙

Polypedates megacephalus Hallowell, 1860

英文名 Spot-legged Treefrog

形态特征 中等体型蛙类，雄蛙体长41～48毫米，雌蛙57～65毫米。背部皮肤光滑，有细小痣粒，无背侧褶。背面多为棕色，一般有深色“X”形斑。

生物学资料 生活于山区。主要繁殖期为4～6月，傍晚后雄蛙发出“啪、啪”类似轻轻鼓掌的叫声。卵泡附着在静水塘上空的树枝上或岸边，蝌蚪在静水内发育。

宁波种群状态 常见。

受胁等级 无危LC。

23. 饰纹姬蛙

Microhyla fissipes Boulenger, 1884

英文名 Ormamented Pygmy Frog

形态特征 小型蛙类，雄蛙体长 21~25 毫米，雌蛙 22~24 毫米。略呈三角形，头小，背部皮肤有小疣粒。体背面多为棕色，有“八”字形斑纹。

生物学资料 生活于平原、山区的水田、水坑、水沟的泥窝内或草丛中。繁殖期在 3~8 月，雄蛙发出“嘎、嘎”的响亮鸣声。

宁波种群状态 广泛分布。

受胁等级 无危 LC。

24. 小弧斑姬蛙

Microhyla heymonsi Vogt, 1911

英文名 Arcuate-spotted Pygmy Frog

形态特征 小型蛙类，雄蛙体长 18~21 毫米，雌蛙 22~24 毫米。略呈三角形，头小，背部皮肤较光滑，散有小疣粒。体背面多为浅褐色或棕色，背部中央有条黄色的细脊线，脊线上有一对或两对黑色弧形斑。

生物学资料 生活于平原、山区的水田、水坑、水沟的泥窝内或草丛中。繁殖旺季在 5~6 月，雄蛙发出低而慢的“嘎、嘎”鸣声。

宁波种群状态 广泛分布。

受胁等级 无危 LC。

25. 合征姬蛙

Microhyla mixtura Liu and Hu, 1966

英文名 Mixtured Pygmy Frog

形态特征 小型蛙类，雄蛙体长 21～24 毫米，雌蛙 24～27 毫米。略呈三角形，头小，背部皮肤有分散的小疣粒，多呈纵行排列。体背面多为棕色，背部及四肢有褐色粗大斑纹，其周围镶有浅色细边。

生物学资料 生活于山区稻田、水坑或附近的草丛、泥窝中。繁殖期在 5～6 月。

宁波种群状态 不常见。

受胁等级 无危 LC。

26. 牛蛙

Lithobates catesbeianus（Shaw, 1802）

英文名 Bull Frog

形态特征 大型蛙类，雄蛙体长 152 毫米左右，雌蛙 160 毫米左右，最大可达 200 毫米左右。背部皮肤略显粗糙，有极细的肤棱或疣粒。体色以绿色为主,带有暗棕色斑纹,头部及口缘为鲜绿色。

宁波种群状态 此蛙原产于北美，近年来国内养殖很多，部分逃逸或被放生至野外，成为外来入侵物种，是土著蛙类的天敌。在宁波天童国家森林公园等地已发现野外个体。

冷艳蛇影

你好，小青

当你看到“小青”这个名字的时候，会想到谁？

或许，很多人会想到《白蛇传》中由青蛇变的小青姑娘吧！这个女孩子，美丽聪明、敢爱敢恨，她瞧不起许仙的软弱动摇，而为了救姐姐白娘子，又敢于跟多管闲事且法力高深的法海斗。

不过，在我们这些自然摄影爱好者眼里，“小青”却不是指美女，而是对竹叶青蛇的昵称。竹叶青蛇有多种，在宁波有分布的，就是国内最常见的一种——福建竹叶青蛇（下文均简称“竹叶青”）。这种蛇，外表冷艳动人，气质安静沉稳……

从传说到真实

上面我这么夸“小青”，不知道会不会有人说，“大山雀”你这“鸟人”是不是疯了，竹叶青可是一种毒蛇呀！是的，竹叶青是鼎鼎有名的毒蛇。我老家在浙北的平原水乡，那里虽然很少见到竹叶青，但我小时候听大人们说起过竹叶青的故事，后来经过口耳相传，这些故事变得越来越玄乎。其中一个版本是这样的：竹叶青是一种粗大的毒蛇，常隐蔽在竹林之中，翠绿的身体缠绕在竹子的中上部，与环境浑然一体，

竹枝上的竹叶青

有时就垂下一个三角形的脑袋，当人走进竹林，不小心惊动了它，被它闪电般一口下去，人就完了……我家就有一小片竹林，虽然只有巴掌大，但从此我走近这片竹林，就会提心吊胆，老是怕上面有条竹叶青。

2011 年秋天，朋友李超在龙观乡的四明山里的山路边拍到了一条竹叶青，并把照片发给我看。这是我第一次见到这种传说中的毒蛇的野外影像，而且还是本地的。虽然它跟我童年时候的想象有很大不同，但这翠绿的颜色与犀利的眼神，还是让我马上喜欢上了这种蛇。记得当时我还把照片推荐给了晚报社会新闻部的编辑，次日作为图片新闻刊登了。

2012 年夏天，我开始热衷于夜探，7 月下旬的一个晚上，和李超相约一起到鸟友“竹子山”的山居玩。这山居位于海拔约 500 米的四明山上，原为山里村民的农居，房子边上就是大片的竹林。那天晚上，我们先在竹林里发现了好几只斑腿泛树蛙，它们都吸附在竹竿上。“竹子山”告诉我们：“你们拍树蛙要小心，竹林里还有一条竹叶青呢，在那里好几天了！”我一听，顿时兴奋了起来，赶忙问：“在哪里？在哪里？”

找到后一看，我第一反应是：呀，原来竹叶青这么小！这条蛇盘踞在一棵毛竹的根部，尾巴在笋壳里面，只露出大半个身子。它的头是明显的三角形，颈部变细，因此头和颈的区分很清楚。只见它微微昂着头，很长时间都一动不动。我们小心翼翼地靠近拍了几张，它还是保持原姿态，仿佛边上没人存在。我跟李超说，到底是毒蛇啊，这么淡定。

下一个周末，我又惦记这条蛇了，于是再次上山，惊奇地发现，它居然还是待在原处。它怎么这么有耐心？后来弄明白了，这条竹叶青是在“守株待蛙”，它的目标就是在竹子上跳来跳去的斑腿泛树蛙。它以十二分的耐心，等待树蛙进入它的攻击范围。

在黑暗闷热的竹林里，我继续拍摄。时间一长，见它始终就一个姿势，终于忍不住，找来一根小棍子逗了它一下（声明：此为不理智的危险行为，不能模仿）。它有点发怒了，头部稍稍一缩，前半个身子变成如S形的弹簧状，一副即将扑咬的样子。我吓了一大跳，赶紧后退。

当年8月8日，强台风“海葵”在象山县鹤浦镇沿海登陆，正面袭击宁波。台风过后，我曾再次去看望这条小青。很可惜，在经历了狂风暴雨后，竹林下面全是山上冲下来的黄泥与沙石，蛇自然不见了。但愿它安然躲过了这场台风雨！

从认识到熟悉

自从第一次见到小青之后，我就喜欢上了这种蛇。后来，随着夜探山林、溪流的次数的增加，我对小青也越来越熟悉。

小青，可以说是蛇类中的“小家碧玉”，在中国南方分布广泛，是一种常见又好看的管牙类毒蛇。它的体长通常为七八十厘米，略偏娇小，通体碧绿，只有细长而善于缠绕的尾部为焦红色，因此在台湾还有一个好听的名字——赤尾青竹丝。小青的体侧，有的“绣”着一条白色纵线纹，有的则是红白各半。按照赵尔宓在《中国蛇类》中的描述，白纹的是雌蛇，有红有白的为雄蛇。

小青的头部为标准的三角形，头侧有热感应颊窝，这让它对身边的温度变化非常敏感，只要有老鼠、蛙类、蜥蜴等出现在合适的位置，它就会迅速出击捕食。最迷人的，是小青的眼睛。它的眼睛多数为黄色，有时也呈现为红色，瞳孔则如同一条垂直的线，是竖着的，有点像猫的眼睛，幽冷而神秘。

其实，不仅是竹叶青，尖吻蝮（五步蛇）、短尾蝮、原矛头蝮等本地有分布的蝮亚科的毒蛇都长着竖瞳。那这又是为什么？有一种说法是，它们都是喜欢在夜间伏击捕食的动物，竖瞳对眼睛的立体视觉很有帮助，能让它们在不惊动猎物的情况下，更准确地估计猎物与自己

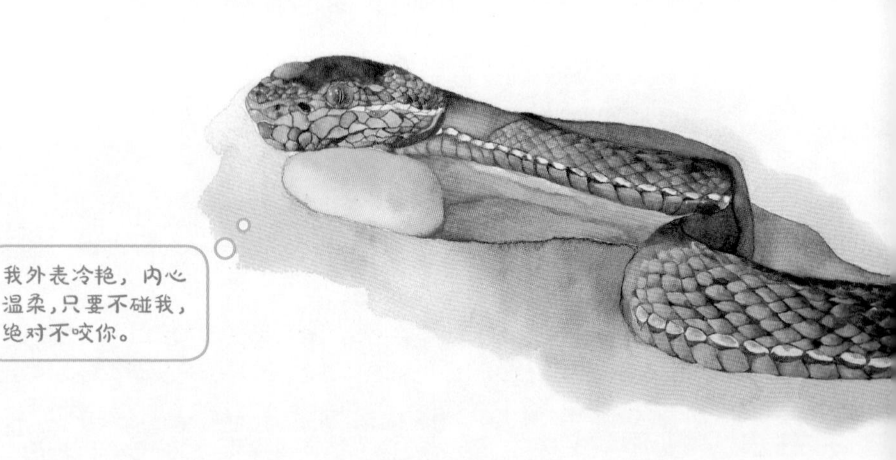

的距离。

夏天晚上去宁波山区的溪流附近，遇见小青是高概率事件，有时甚至在白天也能看到。总之，小青是我遇见最多的毒蛇，因此有意思的故事也最多。有一次，我和同事许天长一起夜探龙观乡的四明山溪流。当时正是伏旱时节，这条宽阔的溪流的水很浅。高亮手电的光所照之处，我们很快看见一条小青正盘在溪中的一块石头上，头略往前伸，伺机捕食。我们走过去拍了几张，它被惊动，然后便游走了。令人哭笑不得的是，当经过放在一旁的离机闪光灯时，这条小青竟然爬上了这个“制高点”，盘踞在上面，怎么也不肯下来。当我用相机顶部的外置闪光灯拍摄的时候，同时引闪了那只离机闪光灯，而它依旧岿然不动。

2017 年夏天，我陪复旦大学的几位校友夜探这条溪流，见到了一条更为“淡定”的小青。当时，我们五个人或戴着头灯或拿着手电，“围观”这条盘在满是青苔的石头上的小青，闪光灯还在不停地闪，可它却始终保持一个头向前伸的姿势，只是偶尔伸出蛇芯子来收集周边的气息，以判断身边的环境状况。

我曾见过小青的一项“绝技”：它可以把至少一半的身体直立起来，笔直地伸向空中。当它想从溪流中的一块石头，游到隔着水流的

吐芯子收集信息的竹叶青

直立起来的竹叶青

相邻石头时，它也能把身子横向伸得老长，企图在不接触到水的情况下，先让蛇头“搭上”对面的石头，然后再让整条身子过去。不过，它也有失败的时候。我亲眼看到过一条小青被冲入急流，只见它奋力挣扎，最终还是游上了岸。

小青喜欢吃蛙，但应该对中华蟾蜍没有兴趣。有一次，我见到一条小青从溪中上岸，笔直向一块石头游去。当时这块石头上正好蹲着一只蟾蜍。我在一旁静静地看着，期待“好戏”上演。然而我失望了，小青扭着身子，几乎贴着蟾蜍游了过去，对它视若无物，而蟾蜍也照样一动不动地蹲着——两者就这样擦肩而过，什么也没有发生。

从互伤到相安

2018 年 7 月，我和同事去鄞州区的山区探访一个山庄。聊起生态保护的时候，老板娘说，山庄周边的原生态非常好，蝴蝶、蛙类、蛇等都很多。我一听就很感兴趣，马上问有哪些蛇。她说有好多种蛇，光毒蛇就有竹叶青、蝮蛇、五步蛇等。她先生还给我看了手机里的照片，果然，各种蛇都有，可惜都是被打死的蛇。原来，他们怕这些蛇伤害员工与客人，于是一看到附近路面上有蛇，就用棍子打死了。

老板娘见我连声叹息，便说，这么做也是不得已。为了减少对环境的不良影响，这个山庄除草不用农药，而是让员工直接用手拔，结果前段时间有人不慎触碰到躲在草中的竹叶青，当场被咬了一口。伤

竹叶青对蟾蜍不感兴趣

者被紧急送去医院后，治疗了一周才痊愈，至今仍觉得手臂麻麻的。我说,这不是蛇的错,没有蛇会没来由地主动攻击人,你们只要做好“打草惊蛇”之类的工作，同时不要徒手、光脚随意触摸或踏入野地，一般都可以避免悲剧发生。

小青是一种美丽、淡定的蛇，但它的保护色确实很好，而且善于长时间一动不动地待在一个地方伏击捕食，因此有时容易被经过附近的人在无意中触碰到。蛇出于害怕及自卫的本能，就会咬人。我和家人晚上进山的时候，曾见过小青缠绕在路边低矮的竹丛或树枝上，如果不仔细看的话，确实不会发现它。

还有一种在国内广泛分布的常见蛇类，因为也是全身碧绿，常被误认为是竹叶青而被打死。这种“冤死”的蛇，就是翠青蛇，属于游蛇科，性情温顺，无毒。我在山路上曾亲眼见过一条被砸烂了头部的翠青蛇。翠青蛇的习性跟昼伏夜出的竹叶青相反，主要于白天活动，爱捕食蚯蚓与昆虫，晚上则在树枝上睡觉。

尽管为小青——不管是毒蛇竹叶青还是无毒的翠青蛇——说了那么多客观公正的“好话”，我也不指望能说服大家都去爱这类动物，但至少，希望我们都能与蛇彼此相安。万一偶遇小青，若能在心中默念一声“你好，小青”，然后疾趋而过，岂不是好？

翠青蛇（姚晔　摄）

狭路相逢五步蛇

“如果不幸被五步蛇咬了该怎么办？”

“嗯，这个好办。不是说被咬了之后可以走五步吗？那就把蛇抓住，走五步，然后让蛇咬一口；再走五步，再让蛇咬一口……一直走到医院为止，哈哈哈。”

这当然是一个搞笑的段子，但由此也可见五步蛇在普通人心目中的“名气”之大，及形象之可怖。是的，我也是在很小的时候就听说过五步蛇的大名，自幼就对这种传说中的剧毒而凶猛的蛇感到非常害怕，同时也非常好奇。

不过得先说明一下，“五步蛇”乃是俗名，其正式的中文名叫“尖吻蝮”。它是蝮蛇的一种，主要的鉴别特征为其嘴的吻端尖而上翘，故名。

真正在野外见过五步蛇的人寥寥无几，而我很“荣幸”，曾不止一次与这种威名远播的毒蛇狭路相逢，几乎吓出一身冷汗。

小溪沟中午相遇

2013 年前后，是我最热衷于夜拍的时候，我总是寻找不同地方的

尖吻蝮具有很好的伪装色

溪流、山林去夜探，以期找到不同的物种。记得那年夏天酷热异常，经常连山区的晚上都闷热难耐。7 月的一个晚上，我约了好友李超，到鄞州区塘溪镇的山区溪流夜拍。那天傍晚，我们先到位于山脚下的我的同事家里吃晚饭。饭后，就穿好高帮雨靴，戴上头灯，拿着摄影器材，沿着村头的小溪溯流而上，一路寻找两栖爬行动物。

这条溪沟比较狭窄，水小，岸倒是陡而高。那天晚上的气温也有三十几摄氏度，溪沟里一丝风都没有，因此我们没走多远就已经汗流浃背，气喘吁吁了。一路上，除了几只湍蛙，几条无毒的乌华游蛇——这些都是常见物种——并没有见到啥新鲜的东西，不免有些气馁。

当时,李超走在我前面一两米远的地方。由于又热又渴,我对他说："你停一下，我喝口水。"就在低头去拿放在腰包里的水壶的瞬间，我瞥见了一团东西，顿时吓得一激灵，马上大声喊道："李超，停下！停下！一动都不要动！五步蛇，五步蛇！就在你脚边！"我不知道，当时自己的声音是否已经在颤抖。这是我第一次在野外见到真实的五步蛇，以前都只是在书上或网上见到图片。

李超也吓了一大跳，当即收住了脚步。"你看，它盘在石头上，离你的脚只有半米左右。"我说。我们俩一动都不敢动，头灯与手电的光都聚焦在蛇身上，看得清清楚楚：一条成年的尖吻蝮，像一卷棕黑色的粗绳子，安安静静地盘踞在溪畔石头上。蛇的背部是黄黑相间的大斑纹，很像落叶的颜色。灰褐色的岩石跟它的体色很接近，夜色中，若不留意，真的会以为它是石头的一部分，或者就是一小堆枯叶。唯一能让人快速分辨出那是一条蛇的，是它那向上昂着的三角形的头。当然,嘴端反翘的尖尖的吻端,明白无误地昭示了它的身份——尖吻蝮，千万别惹它！

李超蹑手蹑脚地退开几步。蛇的听力很差，因此英语中有"蛇是聋子"的说法，但蛇对运动的物体以及温度变化比较敏感。特别是像五步蛇这样的蛇，具有明显的颊窝——那是它的热感应器，可以敏锐地侦测到附近动物的体温，从而准确地选择出击的方位与时机。我们退到了两米开外。在这条狭窄的小溪中，我们已退无可退，但也不想放弃这难得的拍摄机会，于是屏声静气，慢慢蹲下来开始拍照。好在这条蛇非常淡定（或者，毋宁说是霸气），尽管闪光灯不停闪烁，它依旧原地盘着不动。我知道，它待在溪边的石头上，一方面是为了凉快一些，另一方面当然是为了捕食蛙类等小动物。后来，我们大着胆子绕到它前方，放置了一只依靠无线引闪发光的离机闪光灯，以加强拍摄效果。它还是丝毫不动。过了十几分钟，也许它实在被闪光弄得不耐烦了，才缓缓松开了盘着的身子，转身游向附近的灌木丛。那时，我们还是一动也不敢动，目送着它从容离开。

当它完全消失，突然松懈下来的我们都觉得好累，并且再也没有继续溯溪拍摄的欲望了，于是立即上岸，回到同事家里，坐下来喝杯水，压压惊。

险遭攻击，山坡惊魂

那次初相遇以后，我又有两次碰到五步蛇的经历。

2013 年 11 月初，我和同事许天长一起到四明山横街镇的一个山村采访。因为有报料说，那里有一只老鹰，经常到山上的一个养鸡场偷鸡吃，后来有一次，这只鹰抓了鸡之后被养鸡场主人发觉，主人冲出去一赶，鹰就叼着鸡奋力起飞，结果飞不动，一不留神撞到了铁丝网，被主人抓住了。去了一看，原来这“偷鸡贼”是只凤头鹰。我们劝说主人尽快把鹰放生，然后就下山了。那时已近傍晚，天色渐黑，我开车下山时，忽见一条棕黑色的蛇正横穿盘山公路。

我对天长说：“好像是条五步蛇！”赶紧停车一看，果然是一条粗壮的五步蛇正缓缓经过路面，它的腹部侧面是白色的，上面有交错排列的云朵状黑色斑。我又激动得想拍照，于是立即从后备厢里拿出了

尖吻蝮

可以控制蛇的蛇钩，试图钩住它，使它不至于马上进入山坡草丛。谁知，一则这条蛇太重，二则我心里害怕，居然一下子钩不动它。后来这家伙发怒了，挣扎着向我冲来。我顿时吓坏了，迅速撒手扔掉蛇钩往后退，眼睁睁看着它快速钻入灌木丛消失了。

再一次见到五步蛇则是在 2017 年的夏天。有个晚上我带着孩子们在营地周边夜探，没想到在山路边发现了一条五步蛇，于是当即安排孩子们迅速撤退。

不过，我的上述经历，与李超的一次与五步蛇狭路相逢的可怕遭遇比起来，真的不算什么。李超曾多次跟我绘声绘色地描述这件事情，说那次经历让他心有余悸足足达半年之久。

2015 年的春天，李超和林海伦老师一起去奉化西坞的山里寻找和拍摄特色植物。快到山顶的时候，那条野路越发显得陡峭，而且路上沙子多，很滑。林老师拿着权当登山杖的竹竿走在前面，忽见路边草丛里有两条五步蛇在交配。它们受惊后随即分开，其中一条逃走了，而另一条则趴在原地没动。李超想靠近去拍它，没想到它突然发怒了，昂起深棕色的三角形的头，直向处在下方的李超冲来。李超顿时吓得手足无措，不知往哪儿逃，因为那地方又陡又滑，空间狭窄，万一滑倒，岂不是刚好倒在蛇的边上？

李超说："当时我头脑里一片空白，完全蒙了，心里直喊'这下完了！这下完了！'"就在这千钧一发的时刻，林老师出手了，他拿手里的竹竿来挑动这条怒气冲天的五步蛇，结果由于蛇太粗太沉，居然把竹竿都压弯了。但不管怎么说，蛇还是被赶跑了，没有继续追击李超。

这次可怖经历给李超留下了很重的心理阴影，以至于很久之后，他还会做噩梦梦见受到五步蛇攻击。

惹不起，躲得起

若论单位数量的毒液的毒性，尖吻蝮在中国的毒蛇中绝对算不上名列前茅，相较位列中国陆地上毒性第一的银环蛇有很大差距。但是，为什么人人谈五步蛇而色变呢？那是因为，尖吻蝮属于大型管牙类毒蛇，而且性情凶猛，一旦被激怒，一口咬下去，注毒量很大，因此毒性发作很快而且很猛。这种蛇的毒属于血循毒，被咬者的伤口很快会出血、肿胀并伴随着剧痛，还会发生肌肉溶解现象，若不及时救治，很容易导致残废甚至死亡。

> 永州之野产异蛇，黑质而白章，触草木，尽死；以啮人，无御之者。然得而腊之以为饵，可以已大风、挛踠、瘘疠，去死肌，杀三虫。其始太医以王命聚之，岁赋其二。募有能捕之者，当其租入。永之人争奔走焉。

这段话出自唐朝柳宗元的名文《捕蛇者说》。通常认为，文中说的

尖吻蝮

“黑质而白章”的蛇，就是指尖吻蝮。尖吻蝮的俗名极多，除了五步蛇，还有百步蛇、白花蛇、蕲（音同“奇”）蛇等。但自古以来，尖吻蝮就是一种有名的中药材，因此专门抓它的人不少，以至于现在其种群数量锐减，成了浙江省重点保护野生动物。

五步蛇虽然可怕，但只要不去碰它、惹它、抓它，它并不会无端地主动攻击人。它的食物以鼠类为主，也吃蛙、蛇、鸟或蜥蜴等小动物，不仅与人无害，反倒是生物链中的重要一环。

切记，对于毒蛇，我们至少要遵循“惹不起，躲得起”的原则。互相留点空间，则相安无事，否则很可能两败俱伤。

真假银环蛇

我认识一个小男孩，他对世界上各种令人闻风丧胆的剧毒蛇都非常感兴趣，最喜欢看关于这些蛇类的纪录片，说起黑曼巴蛇、响尾蛇等毒蛇来滔滔不绝。我想起自己小时候，几乎从未听闻过那些来自遥远大陆的毒蛇的名字，因为那时别说网络，连电视机都还没有普及。

曾经我也是一个调皮的男孩，每天在乡野中疯，抓无毒的水蛇玩，对那些传说中的毒蛇"悠然神往"——记得童年时了解到的毒蛇的名字只有蝮蛇、竹叶青、五步蛇、眼镜蛇、银环蛇、金环蛇等为数不多的几种，尽管对它们一无所知，但还是会煞有介事地和小伙伴为"银环蛇和金环蛇到底谁更毒"的问题争论得脸红脖子粗。

没想到，快 40 岁的时候，我真的在野外遇见了银环蛇。邂逅过程是那么猝不及防，又是那么惊心动魄……

车轮下的误杀

真的，说起来，我到现在都还觉得心痛与遗憾，因为，我见到的第一条银环蛇居然是死在我的车轮底下的。

2013 年夏天，我常去四明山里寻找一种角蟾的身影。那年 6 月 15

日晚上，在鄞江镇的一处山脚下的小溪旁，我听到了疑似角蟾的叫声，于是去那里找，终于如愿。那地方比较偏僻，有一段几百米长的水泥路，一边靠山脚，一边是水田，仅容一辆车通行。深夜 10 点多，我拍完角蟾开车下山，经过那段道路时，忽见前方不远处的路面上有一团黑乎乎的东西，好像是一条蛇。尽管我开得并不快，时速只有三四十公里，但由于发现它时已经离得太近，再加上路面狭窄，我不可能猛打方向避让，因此虽然马上刹车，但车子还是直接从蛇的上方开了过去。

停车后我赶紧过去察看，只见一条体纹黑白相间、比拇指还粗的蛇正在痛苦地扭动，有一段蛇身因碾轧而受伤，少量内脏都挤出来了。此前，我已经知道银环蛇在浙江是有广泛分布的，但毕竟没有真的见过。仔细看眼前的这条蛇，它体长一米左右，蛇身一段黑一段白，黑的部位较宽，白的部位较窄，黑白分界鲜明，头部呈椭圆形，黑色的圆眼睛很小。当时想，这肯定是银环蛇！但真的太可惜了，它受伤这么重，

银环蛇

肯定是活不了了。我找了根木棍，小心翼翼地把它拨到路边的草丛里。

我回家后马上上网查资料，很快确认这正是一条成年的银环蛇，同时了解到，银环蛇是中国陆地上毒性排名第一的剧毒蛇。银环蛇昼伏夜出，喜欢生活在靠近溪流、水塘等处的地方，捕食蛙类、鱼类、蜥蜴、黄鳝、鼠类和其他蛇类。这是一种性情温和的蛇，除非被触碰或攻击，一般不会主动咬人，但据说在产卵、孵化时也会突然袭击靠近它的人。

不像眼镜蛇等蛇类事先会做出膨胀颈部之类的警告动作，银环蛇在攻击前从不警告，直接下口就咬。银环蛇咬人后注毒量并不大，但毒性极为猛烈。而且，可怕的是，由于其毒素以神经毒为主，患者被咬后伤口通常不肿不痛，就好像被蚊虫叮咬了一口似的，因此很容易麻痹大意，延误救治时间。一旦毒发，就极为凶险，先是身体局部产生麻痹现象，如果得不到及时治疗，被咬者很快会因呼吸麻痹而死亡。

山路惊魂记

仅仅一周多后的6月23日晚上，我独自去龙观乡雪岙村的四明山溪流夜拍。那天刚在山路边停好车，准备走到溪流里拍蛙的时候，忽然发现路边的排水沟里有一条黑白相间的蛇在游走。哇，银环蛇！我激动得心都快跳出来了。

仗着自己脚穿高帮雨靴，我手持蛇钩（一种专门用来防御、控制蛇的工具，顶端有金属钩，后面连着长柄）走近了它。只见这条蛇身体细长，身上的环纹一节黑一节白，非常分明。我大着胆子用蛇钩拨动了一下它的头部，想看得清楚一点，没错，头是椭圆形的，眼睛圆而黑。我又是害怕又是激动，心想，运气真好，这回见到鲜活的银环蛇了！

可它一直待在排水沟里，我没法拍照。犹豫了半天，我终于横下一条心，决定用蛇钩将它“捞”到路面上来。于是，我颤巍巍地用蛇

银环蛇

钩钩住它的前半段身子，把它悬空拎了上来。忽然，它身子一扭，竟然作势要沿着蛇钩的长柄游上来。我吓了一跳，心中一慌，非但没有撒手扔蛇钩，反而用力将蛇钩往上一甩！我的原意是想把蛇就地甩脱，谁知由于过于紧张慌乱，导致用力过猛，这条蛇竟然飞到了半空中。我的妈呀，不得了了！我赶紧向后一跳，紧接着蛇便落了下来，刚好掉在我的脚边。幸好我穿着厚重的雨靴，它想咬也咬不到我。但真的后怕不已。万一,万一刚才它落在我的身上，随便一口下去，我岂不是完了？这大夏天的，我已经感觉到自己背上凉飕飕的，冷汗直冒。

这条蛇落地后，慢慢往山脚的灌木丛爬去，还在一块岩石上停留了一会儿。这下我老实了，再也不敢冒险用蛇钩去弄它，而是保持安全距离，安安静静地拍了几张照片，拍完手心里全是汗。

次日，处理前一晚拍的照片时，我盯着这条“银环蛇”看了半天，总觉得有些地方不对劲,有点怀疑它不是银环蛇,但又说不出个所以然。可惜，当时手头没有专业靠谱的资料可供查询，也没有认识的蛇类专家可供请教，因此这心中的疑惑暂时得不到解决。

过了好长一段时间，有一次偶然在网上看到白环蛇的图片，才想起来，我那天拍的莫非是一种白环蛇？后来了解到，中国的白环蛇有黑背白环蛇、福清白环蛇、双全白环蛇等多种，在宁波有分布且较为常见的，是黑背白环蛇。再进一步检索、对比银环蛇与黑背白环蛇的特征，我终于搞明白，在龙观拍的那条蛇确实是“山寨版”的银环蛇，它实际上是黑背白环蛇——一种无毒蛇！

原来，那天晚上我是虚惊一场，完全是自己吓自己！

“傍大佬”的无毒蛇

现在让我来现学现卖，为大家仔细分析“山寨银环蛇”与真正的银环蛇的区别，真是不查不知道，它们的区别还是很多的呢！先说当时让我对那条“山寨银环蛇”的身份起疑的一点，那就是它的尾巴非常细长，跟一周前拍到的银环蛇的尾部特征不同：银环蛇的尾巴是骤然变细的，而黑背白环蛇的尾巴是逐渐变细的。其次，银环蛇的背脊耸起,也就是说其身体的横断面呈三角形,而黑背白环蛇的身体是圆的。再次，银环蛇的白色环纹比较细而窄，而黑背白环蛇的白色环纹比较宽大，且越往身体的后段，白色越不明显，慢慢变成了浅褐色。

不过，问题又来了：为什么黑背白环蛇跟银环蛇长得如此酷似呢？其实答案很简单：拟态呀！换句话说，这是在狐假虎威，“傍大佬”！说起来，这也是无毒蛇的生存智慧之一。银环蛇那黑白分明的体色，其实也是一种警告色：我有剧毒，别惹我！动物的拟态行为到处存在，

黑背白环蛇

有的是为了伪装，如竹节虫之拟态枯枝、枯叶蝶之拟态树叶；有的是为了警示、吓唬天敌，如领鸺鹠的脑后长有一双假眼，一些昆虫幼虫的头部甚至会长得像蛇一样；有的是拟态同类中的厉害角色，如白环蛇之模仿银环蛇，颈棱蛇之接近短尾蝮，绞花林蛇之形似原矛头蝮……都是无毒蛇（有的是“非传统意义上的毒蛇”）拟态毒蛇。

但说了那么多，我问我自己：以后在野外见到黑白相间的蛇，真的能每次都十分有把握地区分真假银环蛇吗？我想我是不能的。因为，野外观察的角度与光线、蛇的状态、成蛇和幼蛇的不同特征，都可能造成误判。由这样的误判造成的粗心大意或胆大妄为，后果是极其可怕的。

道理很简单，因为生命只有一次。

在大自然面前，胆小并不可耻，我们还是多一份谦卑，多一点谨慎为好。

赤链蛇午夜大战癞蛤蟆

午夜，宁波市区的日湖公园内，一条约一米长的赤链蛇，紧紧缠绕着一只中华蟾蜍（即俗称的“癞蛤蟆”），前者运用“绞杀术”，后者运起“蛤蟆功”，双方整整贴身肉搏了约5个小时，战斗一直持续到凌晨3点多……

我的朋友“甬江大潮”（网名）那天晚上在日湖公园锻炼，无意中看到了这一幕，顿时惊得目瞪口呆，马上用手机拍了几张照然后发朋友圈。那天晚上11时许，我刚洗过澡，靠在床上刷朋友圈，本来已有点睡意蒙眬，忽然见到这吓人的图片，顿时清醒过来……

夜跑撞见蛇蟾大战

2017年6月16日深夜10点多，“甬江大潮”在日湖公园内夜跑，正准备结束回家时，在公园靠近环城北路的出口处的水泥地面上，忽见一条斑纹红黑相间的蛇张开大嘴，咬住了一只癞蛤蟆的头部。“甬江大潮”大吃一惊，他不认识这蛇，因此也不知道它是否为毒蛇。他是摄影发烧友，可惜当时没有带相机，因此在朋友圈里说自己是“冒死用手机拍了几张”。

他的照片显示，这只蟾蜍足有小孩的巴掌那么大。它奋起反抗，四肢分开撑地，用力将肚皮鼓起。蛇也不甘示弱，一边继续咬住猎物的头部，一边迅速将其缠绕固定，以防其挣脱。

我立即与“甬江大潮”联系，问他蛇蟾大战是否还在进行，他说它们还在原地搏斗。而且他想想不甘心，已经跑回就在附近的家里，取了专业相机与闪光灯重新回来拍摄。于是，我马上起床收拾器材，赶去现场拍摄。

在原地等我的“甬江大潮”说：“我最最怕蛇，吓得不行，在紧张兴奋中拍了几张，汗毛一直竖着。”我对他说：“这是一条赤链蛇，不是通常意义上的毒蛇，一般不会对人有啥伤害，不用怕。”

当时，这条赤链蛇已经将蟾蜍拖到了路边的灌木丛里。只见它已吞下蟾蜍的整个头部，后者的血丝从蛇的嘴边慢慢渗出。从场面来看，赤链蛇显然占据绝对优势。它越缠越紧，整个身体已经拧成麻花状。

而那可怜的蟾蜍身躯仿佛被粗绳子绑紧，唯有四肢无力地指向空中。蛇张开大口，使劲吞咽，偶尔会发出类似大口呼气的声音。这一幕确实有点恐怖，我也是第一次真切目睹了俗语“人心不足蛇吞象”背后的自然界真实场景。

但这只蟾蜍也非常顽强，绝不甘心束手待毙。只见它的整个身体如充了气一般，胀得圆鼓鼓的，蛇最多只能吞下它的头部。然后，不管这条赤链蛇如何调整姿势，如何加紧缠绕，蟾蜍始终高举一对前肢，拼命反抗，决不投降。

“绞杀术”与“蛤蟆功”的对决

我也是后来才知道，对蟾蜍来说，免于被囫囵吞下的唯一的绝招就是“蛤蟆功”，即通过肺部吸气、使劲，让自己膨胀起来。这里先插播一下，次日，我在电话里请教了我们的专家“锤男神”。他说，蟾蜍背部两侧的皮肤具有气囊一样的作用，只要肺部吸满气，这“气囊”就会鼓起来，让身体接近球形，很多蛙都有这个本事。

就这样，交战双方长时间处于僵持状态，蛇吞不下蟾蜍，蟾蜍也挣脱不了。转眼已到凌晨，“甬江大潮”因为次日一大早还有事，就先回家了，而我留在原地继续观察、拍摄。原先，我曾在野外多次遇到赤链蛇，发现这种蛇胆子很小，总是见人就跑。但现在，眼前这条蛇显然舍不得放弃到嘴的美食，因此尽管我一直在旁边，它也没有离开的意思。这只英勇抵抗的蟾蜍虽然让人同情，但我并不想干预这自然界物竞天择的猎杀与反猎杀的过程。

在长达 4 个小时的拍摄过程中，我注意到，赤链蛇缠绕着蟾蜍多次翻滚，试图调整角度以利于吞咽，也曾数次暂时松开缠绕，然后换个姿势重新将蟾蜍裹紧，但不管怎样，最多只是吞下蟾蜍的头部，然

后就束手无策了。一直到凌晨3点多，赤链蛇终于知难而退，松开了口，悻悻然退回到灌木丛里。可怜这蟾蜍，尽管好不容易逃脱了蛇的“致命拥抱”，但没过一会儿，还是肚皮朝天，轻轻蹬了几下腿，就一命呜呼了。

我在一旁趴着拍了半天，也已经汗流浃背、精疲力尽。就在收拾器材准备回家时，忽见这条赤链蛇又从灌木丛深处游了出来，探头探脑，显然还惦记着这猎物，但似乎又很畏惧我，不敢靠近。我也很识相，马上离开了，但愿它最终能吞下这来之不易的猎物。

死去的蟾蜍

后来，“锤男神”点评说，这条赤链蛇显然缺乏捕食技巧。据他的野外观察，有经验的赤链蛇，会先用位于口腔中后部像匕首一样的大切割齿，刺破蟾蜍的气囊“放气”，然后慢慢吞下。

赤链蛇：“非典型毒蛇”

我把“蛇蟾大战”的照片发到朋友圈后，在引起大家阵阵惊呼的同时，也有几个朋友告诉我（甚至发来照片），他们也见过类似的场景。我原以为，像癞蛤蟆这样浑身疙瘩且带有毒液的动物，是没有蛇喜欢吃的，没想到赤链蛇这么“重口味”，简直是“蟾蜍克星”。

赤链蛇在国内广泛分布，也是宁波常见的蛇类之一，在山区、平原乃至城市绿地内，都有可能见到。这种蛇从不挑食，堪称蛇类中的“通吃王”，不管是蛙、鱼、鸟，还是其他蛇，几乎什么都吃。

不过，对于这种蛇到底是毒蛇还是无毒蛇，一直以来颇有争议。跟眼镜蛇、五步蛇等大家熟知的毒牙长在口腔最前面的剧毒蛇不同，赤链蛇长在口腔深处的所谓毒牙，呈利刃状，但既无管也无沟，并不与毒腺相通。专家推测，“其排毒机制可能是依靠蛇吞下食物时，使其上下颌左右移动而致毒腺内压增大，从而挤出毒液”（据《中国毒蛇及蛇伤救治》）。不是被迫的话，赤链蛇不会主动攻击人，就算咬了人，其毒液流入伤口，一般毒性也不强。不过，这并不意味着就可以随意招惹它。有的人的体质可能对赤链蛇的蛇毒比较敏感，那么被咬后也可能造成严重后果。所以最后还是那句话：野外见到蛇，不去招惹它，“敬而远之”，才是上上策。

“赤练蛇”与“美女蛇”

曾经跟中小学生讲起赤链蛇的故事，没想到好几个孩子兴奋地跟我说：哦，我知道的，鲁迅写过的，那是美女蛇啊，它（她）如果叫你的名字，是万万不可答应的！

是的，在大家熟悉的鲁迅的散文《从百草园到三味书屋》中，有这么一个充满神秘感的故事：

> 长的草里是不去的，因为相传这园里有一条很大的赤练蛇。
>
> 长妈妈曾经讲给我一个故事听：先前，有一个读书人住在古庙里用功，晚间，在院子里纳凉的时候，突然听到有人在叫他。答应着，四面看时，却见一个美女的脸露在墙头上，向他一笑，隐去了。他很高兴；但竟给那走来夜谈的老和尚识破了机关。说他脸上有些妖气，一定遇见“美女蛇”了；这是人首蛇身的怪物，

赤链蛇

能唤人名，倘一答应，夜间便要来吃这人的肉的。他自然吓得要死，而那老和尚却道无妨，给他一个小盒子，说只要放在枕边，便可高枕而卧。他虽然照样办，却总是睡不着，——当然睡不着的。到半夜，果然来了，沙沙沙！门外像是风雨声。他正抖作一团时，却听得豁的一声，一道金光从枕边飞出，外面便什么声音也没有了，那金光也就飞回来，敛在盒子里。后来呢？后来，老和尚说，这是飞蜈蚣，它能吸蛇的脑髓，美女蛇就被它治死了。

结末的教训是：所以倘有陌生的声音叫你的名字，你万不可答应他。

这故事很使我觉得做人之险，夏夜乘凉，往往有些担心，不敢去看墙上，而且极想得到一盒老和尚那样的飞蜈蚣。走到百草园的草丛旁边时，也常常这样想。但直到现在，总还是没有得到，但也没有遇见过赤练蛇和美女蛇。叫我名字的陌生声音自然是常有的，然而都不是美女蛇。

鲁迅先生所说的“赤练蛇”，即赤链蛇，这是可以肯定的。像赤链蛇这样的常见蛇类，出现在百草园中，是再正常不过的事。但按照先生的笔法，这篇文章并不在于描写实际的赤链蛇，而只是借以引出“美女蛇”的故事。类似的把蛇与美女联系起来的故事，古今中外都有，在很大意义上，其实是体现了很多人的一种“集体无意识”，即蛇跟女人一样，是属“阴”的一种类群，而且有可能在不知不觉间置人于死地。这在科学上固然是无稽之谈，但这种心理却颇值得玩味。

烙铁头惊魂

说到“原矛头蝮”这个名字，恐怕很多人会摸不着头脑，不知道这是一种什么蛇，最多凭“蝮”字猜出这是一种毒蛇。但如果说它就是俗称“烙铁头”的蛇，大家就会有点印象了。这种蛇的头部呈明显的三角形，而颈部细小，整个形状很像一块烙铁，故此得名。

在中国乃至世界范围，最著名的烙铁头蛇，当属极度濒危物种莽山烙铁头（即莽山原矛头蝮）。这是世界上体形最大的毒蛇，跟蟒蛇有得一拼，只分布于湖南莽山及邻近的个别地方，数量极为稀少。而在国内分布广泛，于宁波也可见到的烙铁头蛇，就是原矛头蝮。它属于莽山烙铁头的近亲，但身体细长，跟莽山烙铁头根本不在一个重量级上。

但别小看这个小个子，它的脾气可不小。我在野外见过五步蛇、竹叶青、银环蛇、短尾蝮、眼镜蛇等不少毒蛇，其中唯一攻击过我的（幸好没咬到），就是这原矛头蝮。

溪流里的惨叫声

说起原矛头蝮，有个人不得不提，那就是我的好朋友老林。说来也巧，我前两次拍到原矛头蝮，都是跟老林在一起。老林原本一直拍鸟，后来受我影响，也开始夜拍。这个人什么都好，就是时间观念不强，他曾自嘲说是“中国的迟到大王”。2013 年 8 月的一天，他约我去四明山中夜拍，但又说有点事，估计到我所住的小区要晚上 8 点左右了，我答应了。谁知我左等右等，等这家伙从北仑赶到我家时，已经是晚上 10 点了。本来我都想不去夜拍了，但看他这么远赶来，又觉得于心不忍，因此还是出发了，只不过不去较远的地方溯溪夜拍，而是去车程只有半个多小时的横街镇的四明山随便看看。

我们到了位于半山腰的惠民村，把车在村外停好就收拾器材上山。谁知，刚沿着山路走了不到百米，我就看到一条深棕色的蛇在路边游走。仔细一看，顿时大喜，原来是原矛头蝮啊！我以前还没在野外见过这种蛇呢！我赶紧喊落在后面的老林过来，笑着说：“看来您老‘傻人有傻福’，我们刚下车就发现一条以前没见过的毒蛇！”老林嘻嘻一笑。

这条原矛头蝮刚吃了一只小老鼠，所以肚子鼓鼓的

我们马上在蛇的旁边放置无线遥控的闪光灯，着手拍摄。到底是条毒蛇，尽管我们在一旁忙乎，灯光照得雪亮，它依旧淡定从容，慢吞吞地行动着，并不飞速逃离，有时，甚至还把尾巴盘绕在我的离机闪光灯的支架上半天不动，简直让我们哭笑不得。但考虑到这是一种攻击性很强的毒蛇，我们也不敢轻举妄动，只好在一旁看着，等它离开。

一段时间后，老林又约我夜拍，也说会晚点到。这回我不在家里等他了，而是直接一个人先去龙观的四明山溪流中拍照。反正这地方我以前带他来过，让他过来与我会合就好了。那条溪流中，蛙和蛇都很多，尤其是竹叶青蛇，几乎每次去都可以碰到。那次，我在溪中拍到晚上 10 点半左右，这位“中国的迟到大王”才终于到了。我又好气又好笑，跟他说：“明天一早我有事，不能拍太晚，待会儿我先撤了啊！”

半个多小时后，我就上岸了。正收拾器材准备开车回家，忽听溪流中传来“嗷！嗷！”的近乎凄厉的惨叫声，这是老林在呼喊！我大吃一惊，心想完了，这家伙要么是被蛇咬了，要么是滑倒摔伤了！

“老林，老林，你怎么啦？！”我也大声喊。

“蛇！蛇！……”黑暗的溪流中再次传来惊惶急促的声音。

我急了，以最快速度再次换上高帮雨靴，立即下溪。过去一看，只见老林蹲在溪边的石头上，正手持相机对准前方在拍什么。我心一宽，说：“你没被蛇咬吧？”他说：“没有。”“那你杀猪般的叫什么叫呀，把我吓死啦！”“蛇，蛇，你自己看！”他用手指点了点前方。我顺着一看，呦，近两米外，一条原矛头蝮盘在草丛中，头朝着我们一耸一耸的，同时嘴里发出“呼、呼”的威胁声，倒跟眼镜蛇类似。显然，它也很紧张。

我笑死了，跟老林说：“你怕啥呀，我们跟蛇之间还隔着急流呢，它怎么可能咬到你？”于是，我们沿着溪边乱石往上游走，也真巧了，没走几米，居然又见到一条原矛头蝮！它也是在溪流的对岸，而且这段溪流由于骤然收窄，因此水流特别急。只见这条蛇头下尾上，蜿蜒

原矛头蝮

游走在急流边的一块平整如削的大石头上，它不时地接近哗哗流淌的水面，似乎在寻找什么。

山村放生烙铁头

原矛头蝮是夜间活动的蛇类，既在地面活动，也会上树，主要捕食蛙类、鱼类、蜥蜴、小鸟、鼠类等动物。不过，有一次，我却在白天遇见了一条原矛头蝮，而且竟然是在村民家里。

那天，我拿着相机到东钱湖附近的洋山村走走。洋山村坐落在福泉山山脚下，是宁波有名的大嵩岭古道的起点。我刚到村口，就看到一群小男孩在玩，其中一人手里拿着一条绿色的塑料蛇，作势吓唬别的孩子。我笑嘻嘻地走过去，故作轻蔑状，说："拿条假蛇吓人，算什么本事呀！"谁知话音未落，其中一个男孩就大声嚷嚷道："谁说只

企图攻击的原矛头蝮

有假蛇，我家里就有一条真蛇，还是毒蛇呢！”我自然不信，说：“你别乱讲，你家里怎么可能有毒蛇？”小家伙很不服气，连声说：“谁骗你，谁骗你，不信你跟我来瞧！”

于是，一帮孩子，加上我，簇拥着这个小男孩，往他家里走去。他家是一幢很漂亮的新楼房，当时父母都在。弄明白我的来意后，孩子父亲说：“是真的，有条毒蛇，今天清早刚抓的。”原来，这户村民在村里还有一幢老宅，清晨时分，男主人在老宅里发现有条蛇在吞一只小老鼠。蛇好不容易吞下老鼠，肚子胀胀的，在原地休息，没有马上游走，因此才被他轻而易举地抓住了。

说着，他拿出一个透明的塑料整理箱，我打开箱盖一瞧，呀，是一条原矛头蝮！它的身体中间有一段圆鼓鼓的，显然是那只小老鼠。忽然，那位村民探手入箱，迅捷地捏住蛇的头部，将其拎了上来。我吓了一跳，说：“你胆子这么大！这可是毒蛇。”他笑了，说“没事没事”，并自称很有抓蛇经验。他使劲捏住蛇的嘴，使其张开，让我看里面的毒牙。我看得心里发毛，赶紧说：“好了，好了，快放下。”

我问：“你打算把这条蛇咋办？信得过我的话，我替你拿去山里把它放生了。”他见我对蛇还是挺了解的，就同意了，并叮嘱说：“不要放在村子里或村口，村民看到会骂的。”我答应了。于是，我小心翼翼拿着这塑料箱，沿着大嵩岭古道往山里走去。大约走了一公里，先找了山脚的一块空地，把蛇倒出来，拍了几张照片，然后又用蛇钩将它弄回箱子里——

我主要是怕待会儿进入阴暗的树林，就很难拍照了。随后，我进入山林，选了一个荒僻的地方，先把扣着盖子的塑料箱侧放，然后退开几步，用蛇钩勾住盖子一拉，把盖子拉开了。

事实证明，我这样做实为英明之举。因为，就在我拉开盖子的一瞬间，这条因为被捉弄了多次而被搞得怒火冲天的毒蛇，猛然张嘴冲了出来，企图咬我。可以想象，如果当初我大大咧咧直接用手掀开盖子的话，说不定已经中招了。

真假烙铁头

大家一定还记得《真假银环蛇》的故事吧，那篇文章的结尾提到了无毒蛇（或“非典型毒蛇”）拟态毒蛇的事，其中就有绞花林蛇拟态原矛头蝮。是的，它们是两种超级相似的蛇。

在台湾，原矛头蝮被称为“龟壳花”。根据“龟壳花”这个名字，

原矛头蝮

绞花林蛇

我们就可以想象出这种蛇身上的斑纹是什么样的——是的，深色的一块又一块，有点像龟壳，也有点像一连串的深色云朵。其体形细长，尾部比较纤细，善于缠绕，故很会攀爬上树以捕食。当然，呈锐三角形的头部，以及呈“1”字形的竖瞳孔，更让人不寒而栗。

有意思的是，绞花林蛇的长相跟原矛头蝮极其相像，几乎到了可以乱真的程度——无论是细长而偏棕色的身体，还是形如烙铁的三角形头部、深色云朵状的斑纹等，都高度相似，在野外猝然相遇的话，还真难马上确定身份。

但如果能以较近的距离仔细分辨的话，两者还是不难区分的：首先看头部鳞片，原矛头蝮头部鳞片是非常细密的，而绞花林蛇的头部鳞片是大块的；其次看颊窝，原矛头蝮的眼睛前面，有明显凹下去的热感应颊窝，而绞花林蛇没有；再来看瞳孔，原矛头蝮的瞳孔是竖的，而绞花林蛇的瞳孔是竖椭圆形的，有时接近竖的，有时接近圆形。另外，两者的斑纹不太一样，绞花林蛇的尾巴也比原矛头蝮的更为细长。

但话说回来，一般人怎么可能在野外仔细查看一条蛇的头部特征，说不定就在俯身的时候，受到惊扰的毒蛇已经张嘴出击了。

因此，在野外遇到蛇，最好不要试图去分辨它是毒蛇还是无毒蛇，一律远远绕开走就是了。如此，则双方幸甚！

我还是被“骗”了

令人哭笑不得的是，尽管我把原矛头蝮与绞花林蛇的区分要点讲得“头头是道”，但还是很快就被现实无情地嘲弄了。

就在写完上面的文章不久，2018 年 7 月初的一个晚上，我和妻子去龙观乡的四明山中寻找萤火虫。我驾车行驶在盘山公路上，忽然发现，大灯所照之处，路面的左侧好像有一条蛇。我当即停车，跑过去一看，忍不住大声喊了出来：“哇，原矛头蝮！”于是赶紧让妻子从车子后备厢里找出蛇钩递给我，然后打着手电帮我照明，而我自己则拿出相机拍照。

我先用蛇钩将蛇赶到山脚那一侧，以防它被过路的汽车碾压而死。这条蛇很快爬上了灌木丛，娴熟地缠绕在细小的树枝上，一路往高处爬。当闪光灯频闪的时候，它居然还很凶悍地张嘴作扑咬状，把我吓了一大跳。

由于我的相机上装的镜头焦距较短，只相当于 50 毫米的标头视角，因此不能在保持安全距离的前提下把蛇的头部细节拍清楚，再加上那个时候心情紧张，也无暇查看细节，所以并未发现异样。

直到第二天，我在电脑上放大图片仔细看时，不禁哑然失笑，自己都觉得惭愧：这哪里是原矛头蝮，分明是绞花林蛇！

蛇类惊奇

常在野外走，见到蛇的概率自然就大了，但这也只是相对于不常在户外活动的人来说。总体而言，我觉得现在见到蛇的概率是很小的——不像我小时候，到田野中溜达一趟，总能见到一两条蛇。随着环境的变化，很多地方的蛇类的种群密度在明显下降，这是毋庸置疑的。

台湾蛇类专家杜铭章写了一本《蛇类大惊奇》，对宝岛的各种蛇类进行了细致的介绍，希望以此促进公众对蛇这类古老生物的了解，消除普通人对蛇的很多误会。这是很有意义的事。因此，我在这里也学着介绍一些本地蛇类的趣事。

两头蛇

童年时，我就从大人口里听说过两头蛇的故事，但从未见过，为此还常和小伙伴争论不休：所谓两头蛇，到底是首尾各生一个头呢，还是两个头长在同一端？

因为想起这桩久远的公案，我最近还特意打电话给妈妈，问她见过两头蛇否。谁知妈妈毫不犹豫地说见过。她说，当年和同伴一起去包家山上砍柴，在水塔附近的灌木丛中发现了一条“灰链鞭”（即短尾

头部
钝尾两头蛇
尾部

蝮），但奇怪的是，这条蛇居然并生着两个头。于是，胆大的人就将这条蛇抓了，拿到山下的村卫生所，送给了善于治疗蛇伤的乡村医生薛林林。薛医生把这条罕见的两头蛇浸在烧酒里，当作标本，一直放在他的办公室里。

我妈说的双头蝮蛇，实际上跟双头婴儿一样，是由于某种突变因素所致，但现实中还真有常态的“两头蛇”，如钝尾两头蛇。这是一种温顺的无毒小蛇，只有筷子粗细，全长只不过30多厘米。有一次，我带队到四明山山脚下的一个小村夜探自然，有人忽然大声喊道：“这么大一条蚯蚓！哦，不对，是条蛇呀！”我过去一看，也有点激动，说：“哇，两头蛇，钝尾两头蛇！”这下大家都来劲了，一起围过来看稀奇。

不像其他蛇，尾巴和身体的其他部分相比是越来越细的，这种蛇的尾巴的粗细跟头部差不多，故名“钝尾”。而且，其尾部也跟头部一样，具有相似的黄斑，因此乍一看就好像有两个头一般。显然，这只是它迷惑敌人的一种手段罢了。最后说一句，这很像大蚯蚓的钝尾两头蛇属于穴居类蛇，平时行踪隐秘，它最爱吃的食物就是蚯蚓。

“美女蛇”

鲁迅在《从百草园到三味书屋》里提到了“人首蛇身”的美女蛇，说倘若被此物呼唤了名字，是万不可答应的，否则可能会丢了性命。现实的蛇类中，有没有叫“美女蛇”的呢？还真有，那就是玉斑锦蛇。当然，这并不是一种会害人的蛇，而是一种喜欢吃老鼠的无毒蛇，因为斑纹漂亮而被俗称为“美女蛇”。

2014 年的“五一”假期，我独自到余姚鹿亭乡的四明山溪流中拍照，不过不是夜探，而是白天闲走。溪中水不多，忽见溪畔的乱石中有蛇在游动。小心地走过去，发现那是一种以前没见过的蛇。它色彩斑斓，最显著的特征是背中央有一长串接近菱形的黑斑，而且菱形斑

玉斑锦蛇

中央还嵌着鲜黄色的斑纹。它的头部色彩也是黄黑相间，具有套叠的倒“V”形黑色斑纹。后来请教了别人，方知是玉斑锦蛇。

不过，正由于这种蛇长得好看，有不少人就拿它当宠物养；另外，由于其体形较大，长度通常在一米以上，因此也有不法分子将其捕捉、贩卖以供食用。这些因素都导致玉斑锦蛇的种群数量日渐下降，保护工作迫在眉睫。

“野鸡脖子蛇”

虎斑颈槽蛇是国内广为分布的一种蛇，在宁波也比较常见，山路边、溪边见到的概率比较大。这种蛇很好辨认，它的背面通常为草绿色，而颈部及以下的部分身体的两侧具有明显的黑色与橘红色相间的斑纹。虎斑颈槽蛇性情温顺，但当其受惊或发怒的时候，它也会像眼镜蛇一样昂起头来，身体的前半段作“乙”字状弯曲，同时颈部附近变得膨胀、扁平，使得橘红色的斑纹更加醒目，这显然是一种警戒色，告知敌人它即将展开攻击了。正因为其颈部的彩色斑纹与雄性野鸡的脖子有点像，因此在很多地方，它得到了“野鸡脖子”“雉鸡脖”的别名。

在我的印象中，在宁波地区，每年 8 月底到 9 月，在野外比较容易见到虎斑颈槽蛇的幼蛇。有一次，我用微距镜头拍摄了一条幼蛇的正面，其“楚楚可怜”的大眼睛居然“萌化”了很多人。有位女士跟我说，她本来是极怕蛇的，但见了这条蛇宝宝，第一次觉得蛇原来也有可爱的一面。

虎斑颈槽蛇幼蛇

处于紧张状态的虎斑颈槽蛇

另外，跟赤链蛇、绞花林蛇等一样，虎斑颈槽蛇也是一种“非典型毒蛇”，它没有传统意义上的毒牙，但拥有毒腺，其毒液对过敏体质的人可能会有较大的危险。

捕鱼的蛇

说起毒蛇与无毒蛇的分辨，在形态上其实是挺难的，比如说，依靠“头部三角形与非三角形”来判别，就是完全不靠谱的，有时候，倒是靠蛇的行为来判断还有些参考价值（注意！这里不是说这种方法可靠，最多只是有一定参考价值。我还是那句话，野外遇到蛇，普通人完全没必要去弄清楚它是毒蛇还是无毒蛇）。我见过的蛇不算多，但有个感觉，那就是通常毒蛇比较“淡定”，见人未必马上跑，一副有恃无恐的样子；而多数无毒蛇一有风吹草动，就一溜烟跑得飞快，哪怕

乌华游蛇

乌华游蛇

是那些外形长而粗壮，看上去相当吓人的蛇也是一样，如乌梢蛇、王锦蛇等。这不，在溪流中，也有这样的蛇，那就是乌华游蛇。这种蛇体长可达一米以上，眼睛乌溜溜的，身上如赤链蛇一样有很多偏深色的环纹，乍一看挺凶悍的样子。它们在宁波山区的溪流中很常见，我几乎每次去山溪中夜拍都会碰到。乌华游蛇喜欢在流溪中的石块间活动，有时也会待在掉落在溪边的枯树枝上，伺机捕食鱼类、蛙类等。

不过，我好多次看到它，实际上都是因为它先发现了我，受惊后迅速逃走，这才让我发现了它。乌华游蛇善于游泳，速度极快，有一次和它狭路相逢，这蛇慌不择路，竟然直接向我胯下冲来，跃过我的鞋跟，往我的身后扬长而去。俗话说“兔子急了还咬人”，还有一次，我跟一条粗壮的乌华游蛇在非常狭窄的溪沟里相遇，我拿蛇钩拨弄了它一下，想让它让路，结果这家伙在极度惊恐又退无可退的情况下，居然闪电一般张嘴向我扑来，倒把我吓了一大跳。

中国钝头蛇

爱吃蜗牛的蛇

相比个子较大，脾气又急躁的乌华游蛇，四明山溪流中有时还能见到一些温顺无毒的小蛇。

有天晚上我到龙观乡的山区溪流拍蛙，偶尔抬头，看到水面上方的灌木丛里有条黄色的小蛇在树枝上慢慢爬行。这蛇只有手指那么粗，长约半米，只见它非常小心地往前移动，不时吐出蛇信子以收集前方的“情报”。我是第一次见到这种蛇，虽然凭直觉知道这应该是条无毒蛇，但我还是不敢太靠近，而是在一旁仔细观察。第一感觉是它的头部有点“古怪”，既不是三角形，也不是椭圆形，倒有点像长方形，因为它的嘴部很特殊，像被截去一段似的，看上去比较方正；眼睛比较大,椭圆的瞳孔是竖置的,有点呆萌。当时我还不了解钝头蛇这一类蛇，后来才知道这是中国钝头蛇，这名字倒是名副其实。这种小蛇食性很独特，最爱吃蜗牛、蛞蝓（音同“阔鱼”，即俗称的鼻涕虫）之类，偶食小鱼。

吃蚂蟥的蛇

在溪流中有时还能见到一种“好脾气”的小蛇。还是在龙观乡的那条溪流中，有一次我在寻找蛙类时，忽然注意到前方水流平缓处似乎有什么东西在水面上露出个头。起初还以为是黄鳝之类，但它的体色很浅，跟黄鳝完全不同，再仔细看才发现这竟然是一条小蛇。我从没见过这样的蛇，顿时大喜过望，先蹲下身来拍了一张照。但这小家伙也很警觉，马上一缩身子，钻入石缝，不见了踪影。后来我又再次拍到过这种蛇，向专家请教后方知它是挂墩后棱蛇。顺便说一下，挂

挂墩后棱蛇

挂墩后棱蛇

墩是福建武夷山的一个小村，是世界著名的生物模式标本产地，很多物种都以挂墩命名。

过了一两年，在暑假里，我带女儿航航夜探这条溪流。那天晚上运气很好，居然又见到了一条挂墩后棱蛇，而且它当时就在湿漉漉的石头上，并没有马上逃走。这让我第一次有机会好好观察这种蛇。说真的，与其说这是一条蛇，还不如说它更像一条浅色版的小黄鳝：身上没有任何鲜艳的颜色，体色近乎泥土色，略微带一点点红；也没有任何明显的斑纹，只有一条条不起眼的颜色略深的纵线。我低头看相机上的拍摄效果，当再次抬起头来时，发现女儿趁我不注意，已经将小蛇拿在了手里。我赶紧说："轻一点，轻一点，这么小的蛇的脊椎很脆弱的，不要伤了它。"于是航航没有捏它，而是轻柔地握着它，并随即放了它。这蛇的食性也很奇特，据专业书籍上的描述，挂墩后棱蛇除了吃小鱼小虾，还爱捕食水生环节动物——说得通俗一点，就是蚂蟥之类。

最神秘的蛇

前几年，有一种蛇，只要一被发现，就会被新闻媒体争相报道，那就是神秘的白头蝰。我梳理了一下近几年在宁波境内关于白头蝰现身的报道记录，发现至少已有 4 次。

第一次，是 2013 年 6 月 19 日清晨，市民应先生在余姚大隐镇云旱村的杨梅山山脚下，看到了一条“怪蛇”，该蛇略呈三角形的蛇头呈白色。有报道引用应先生的话说：“它通体是黑褐色的，皮上有好多圈橙色的条纹，颜色非常鲜艳。最恐怖的是蛇头，远远望过去像个骷髅，阴森森的。”我和李超得知余姚发现白头蝰后，非常兴奋，曾一起去现场寻找，可惜一无所获。

第二次，是 2014 年 6 月 7 日晚上，有人在奉化大堰镇常照村后山

白头蝰（王聿凡　摄）

自然村发现了一条白头蝰。此后，王聿凡等省内专家曾专程前往当地调查，也没有找到白头蝰。

第三次，是2014年8月14日早上7点多，鄞州区龙观乡大路村（现划入海曙区）一位姓吴的村民在散步时，于路边发现了一条白头蝰。

第四次，是2016年11月16日晚上，有人在奉化锦屏街道黄夹岙村发现了一条白头蝰。至此，近几年白头蝰在奉化已有两次记录。

报道称，白头蝰属于珍稀蛇种，是蝰科中的原始类群，只有单属独种，在研究管牙类毒蛇的起源与演化上占据重要的地位。很遗憾，虽然近些年的夏天我常到野外夜探，但迄今还是无缘见到这种独特的毒蛇。

最后，想引用台湾自然文学作家刘克襄为《蛇类大惊奇》一书写的序言《遇到蛇是一种幸福》中的一段话。文中提到他自己的社区由于紧邻小山，因此出现了蛇类，引起居民恐慌，而刘克襄说：

> 我告诉大家，蛇类没有想象的可怕，不仅很难遇见，更绝少出现被蛇主动攻击的情形。相对的，我也提出一个积极的建设性看法。蛇是生态食物链较高位阶的动物。它们会在社区出现，表示我们住家旁边的小山，是座森林资源丰富的自然环境。这是社区的珍贵财产，看到它们，该高兴都来不及呢！

我希望，我们对待蛇，也能有这样的大度。

远去的蛇影

2018年6月，在宁波市图书馆举办的“大山雀自然学堂”上，我为大家分享的主题是“夜探大自然”。那天，我给听众们讲了不少夜晚进山的趣事以及所遇到的各种小动物，大家都听得津津有味。不过，最后讲到毒蛇的时候，有一位本来一直听得很入神的女士忽然捂住了自己的眼睛，不敢看PPT上的蛇的照片。

见此情景，我开玩笑说：“糟了，看来今年秋天出版的我的新书的销路可能会有一点问题了。因为这本书正是以‘夜探’为主题的，会涉及很多蛇类，可能就不像我的‘鸟书’《云中的风铃》那样男女老幼都喜欢看了。至少部分女士是非常害怕蛇的，哪怕看一眼照片都不行。”

但我现在想说的是，蛇，真的这么可怕吗？到底是人怕蛇还是蛇怕人？

与蛇打交道的童年

作为一个在江南水乡的农村长大的男孩，童年时基本上所有的空闲时间我都在山野里疯，跟蛇打交道是家常便饭，因此对这些扭动的或许还有毒的长虫并不特别畏惧，倒是觉得刺激好玩。

小时候，在家乡的水田、小沟里，最常见的蛇是水蛇，几乎夏天每次出去玩都能见到。当然，“水蛇”只是老家方言中的俗称，我现在已经不能确认这种蛇到底是哪一种蛇——我想我已经有 20 年左右没有再见过这种蛇了，只是凭对其身体特征的印象，觉得它有可能是红纹滞卵蛇。由于这水蛇无毒且当时很易见，因此我小时候常去抓它来玩，而且还干过不少坏事，最残忍的做法是将一支鞭炮塞入蛇嘴，点燃引信后将其炸了。现在想起来，这真的是罪过，完全是把作孽当乐趣。不过，这也并不完全是因为年幼无知，而是我从小从身边的环境所获得的信息，都是“蛇是坏的、有毒的、令人恶心的”之类，因此认为虐杀几条蛇不算什么。

除了水蛇，当年在老家常见的蛇还有水赤链、火赤链、王母蛇、扁担蛇、家蛇、灰链鞭（均为方言称呼）等。根据我现在对蛇的了解，猜测以上所列蛇种真正的大名分别对应水赤链游蛇、赤链蛇、王锦蛇、乌梢蛇、黑眉锦蛇、短尾蝮，自信十之八九不会错。但我妈表示反对，她认为扁担蛇不是乌梢蛇。

读小学时，我有一次在田野里玩，忽听北边的桑树林里传来一阵奇怪的声音，出于好奇，钻进去一看，我的妈呀，只见一条又黑又长的大蛇紧紧缠绕着一只大田鸡（现在想来应是一只黑斑侧褶蛙）。这声音估计是蛙发出来的，但我已经记不清这是蛙的叫声还是它因为被缠绕、挤压而发出的某种声音。反正，那时候我吓得掉头就跑，根本不敢多看一眼。事后想起来，这黑色长蛇，应该是乌梢蛇。

被抓住的乌梢蛇

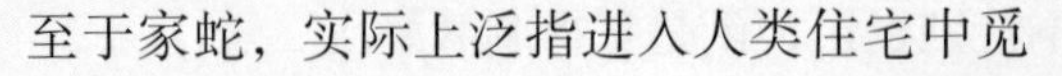

至于家蛇，实际上泛指进入人类住宅中觅

乌梢蛇

食（主要是为了捕捉老鼠）的各类大型无毒蛇，在浙江农村以黑眉锦蛇为多。小时候，我家老房子紧邻厨房的东边一间，是放米、鸡蛋等日常食物的地方。记得有一天，我走进去一看，吓了一大跳，竟然有条蛇盘在盛放鸡蛋的竹篓里，正要吞吃一枚蛋呢！见我进屋，它也吓了一跳，赶紧逃走了。我还从大人那里听到过很多关于家蛇的故事，印象最深的一个是我妈说的：村里有个女人在家里蹲马桶，方便后准备拿草纸，由于角落里光线阴暗，她看不清物体，随手一伸一抓，结果当场魂飞魄散、撒手不及，原来她抓住了一条冰冰凉、滑溜溜的大蛇！

我小时候很淘气，有一次见到一条家蛇游进了我家，马上追过去准备抓它。它吓得赶紧往地基的石缝里钻，于是我揪住它的尾巴往外拖。正僵持的时候，我妈进来了，见此情景，她马上大声呵斥，要我立即放手！我只好听话任它逃走了。但妈妈的脸上还有惶急之色，只见她匆匆忙忙从厨房端了一碗水和一碗米过来，将它们都放在蛇消失的石缝附近，嘴里还念念有词。我好奇地问这是在干啥，妈妈也没多讲。后来隐约明白，在家乡的传统观念里，人们认为进入家里的家蛇是祖宗的化身，因此是绝对不能伤害的。

毒蛇“灰链鞭”

老家田野中分布的蛇，其名声最让我们小孩子有“如雷贯耳”之感的，当属俗称“灰链鞭”的毒蛇。大人们说，这灰链鞭身体短短的，体色跟泥土差不多，不留神的话可能会以为是一团泥土或者一截枯树枝之类，但它是毒蛇，万一被它咬了，弄不好会死的。因此我从小就有点怕这种蛇，特别是走在野外阴暗的地方，每次都特别小心。但好在这类蛇远没有水蛇之类的常见，印象中我小时候只见过它一两回。有一次，在田野中一幢孤零零的房子的北边的田埂上，我看到一条深灰色的短而胖的蛇正趴在几片碎瓦上，当时就想，这肯定是灰链鞭，惹不起，赶紧走吧！

短尾蝮的保护色不错

直到最近几年玩夜拍，我才有机会仔细观察了灰链鞭——即短尾蝮的长相。2013 年夏天，我常去江北慈城附近的农田夜拍，结果有一天晚上接连见到两条短尾蝮。第一条，它待在田埂上的柴草堆旁，体色几乎跟柴草的颜色完全一样，我走过去刚看清它，这家伙就“哧溜”一下钻进柴草堆里，不见了踪影。这是我告别童年后第一次在野外见到这种蛇，很想把它拍下来。正遗憾呢，没走几步，惊喜地看到田边的小水沟旁还有一条短尾蝮！它盘身在一堆枯草上，一动不动。我蹑手蹑脚地走近，终于拍到了它，当然也是我人生中第一次看清楚了这种自幼就常听说的毒蛇的模样：头部略呈三角形，与颈部区分明显，眼后有一道显著的粗粗的黑色眉纹；背面深褐色，略偏红，背上有两行深棕色圆斑，如朵朵乌云一般。当然，正如“短尾蝮”这个名字所示，它身体短而粗，尾巴就更短了。当它盘起身子的时候，有点像一坨狗屎，所以有的地方赠给它的“雅号”就是“狗屎蝮”。

后来又一次看到短尾蝮，是在四明山国家森林公园附近的盘山公路上。那地方海拔 800 多米，因此尽管盛夏季节山下酷热难熬，但山上始终凉风习习。到了深夜气温尤其低，有不少蛇会到温暖的柏油公路上取暖。那天我住在高山上，晚上出来夜拍，发现公路边，蛇几乎随处可见，其中以赤链蛇为最多（有的不幸被车辆碾死了），其次是福建竹叶青蛇和短尾蝮。

老家海宁有句俗话：“赤链蛇闻闻名，灰链鞭咬死人。”意思是说，赤链蛇虽然看着可怕，但没啥毒，而灰链鞭是剧毒蛇，被它咬了就麻烦大了。短尾蝮可以说是国内分布最广的一种常见毒蛇，北到辽宁，南到福建，西到四川、贵州，都有分布，尤其在长江中下游一带数量最多。因此，它也是浙江咬伤人最多的毒蛇。但实际上，跟绝大多数蛇一样，短尾蝮也是一种不会主动攻击人的蛇，咬人只是它的自我防卫。很多农村的人被短尾蝮咬伤，往往是由于踩到蛇了，或者弯腰割草、搬动柴草时不小心触碰到了蛇。

但近些年，至少在我老家，包括水蛇、短尾蝮等在内的各种蛇的数量都在骤减，尤其是水蛇，几乎已绝迹。

“王母蛇”的传说

我一直想拍到的另外一种剧毒蛇是舟山眼镜蛇，它因为模式标本产于舟山而得名。这种眼镜蛇在国内分布很广，因此又有“中华眼镜蛇”之称。但可惜，由于其各方面的高价值，舟山眼镜蛇被大量捕杀，最近二三十年来野外种群数量急剧减少，目前已被定为“易危物种”，很可能进一步变为“濒危物种”。

舟山眼镜蛇是一种以白天活动为主的蛇类，宁波照理是其分布密度较大的区域，但除了有时在本地新闻报道中看到它的身影，我在宁波野外摄影十多年，竟从来不曾见到过这种蛇。我的同样爱好自然摄影的朋友李超说，他也一直很想拍到舟山眼镜蛇，可也找不到。有一年春天，他去宁海拍照，忽然发现一条估计是刚出蛰不久的舟山眼镜蛇正在附近的石头上晒太阳。可惜，还没等他举起镜头，这蛇就一溜烟逃走了。

大概是2015年春天吧，我跟邬老师到金华的山里拍野花，居然见到有捕蛇者刚抓到一条舟山眼镜蛇。我们拍了几张照片，同时劝那人说，眼镜蛇是保护动物，不能抓。可惜人家以此为业，不肯放了蛇。后来回到宁波，在微信朋友圈里看到有人在奉化的山上抓到一条舟山眼镜蛇。令人心痛的是，它的下场是被剥了皮，烧了吃了。

短尾蝮、眼镜蛇之类的毒蛇，一旦被人发现，通常会被当场打死或捕捉（拿回去要么吃或者泡酒，要么卖），而且捕杀蛇的人还非常心安理得，甚至会觉得自己是“为民除害”——我老家有句俗话，叫作“见蛇不打三分罪”，指的就是要打死毒蛇，不让它们害人。

我想，无论是善待家蛇的习俗，还是“见蛇必打”的心理，都体

舟山眼镜蛇

现了人类自古以来对蛇所具有的一种非常复杂的情感：有畏，也有敬；有恨，也有爱。估计专业人士可以就这个话题写一本专著。

尽管现代人早已知道蛇类是生物链中的重要一环，它们不应该是我们的敌人，而应该是我们的朋友，但现实是，近些年，在国内多数地方，蛇类的数量总体上在明显下降。究其原因，可能不同的地方略有不同，但一般都离不开栖息地环境的改变与大量捕猎这两方面。就我老家来说，近 20 多年来，农药的广泛使用、河道沟渠的水泥化、水田被建设用地占用等原因，已经导致大量乡土物种锐减甚至消失。就像我妈妈说的，早年，水田里蛤蟆（泽陆蛙）特别多，特别是夏天早晨种田的时候，它们一起在田里鸣叫，吵得人心烦，她有时会扔一块泥土过去，可蛙鸣只稍微停了一会儿，就又大声响了起来，可如今，连蛤蟆都少了很多，这样的“盛况”再也没见过了。作为蛇的重要的食物来源之一，蛙类数量的明显减少，自然也会加剧蛇的生存危机。

最后，我还想讲一个童年时听到的关于蛇的近乎神话的传说。老

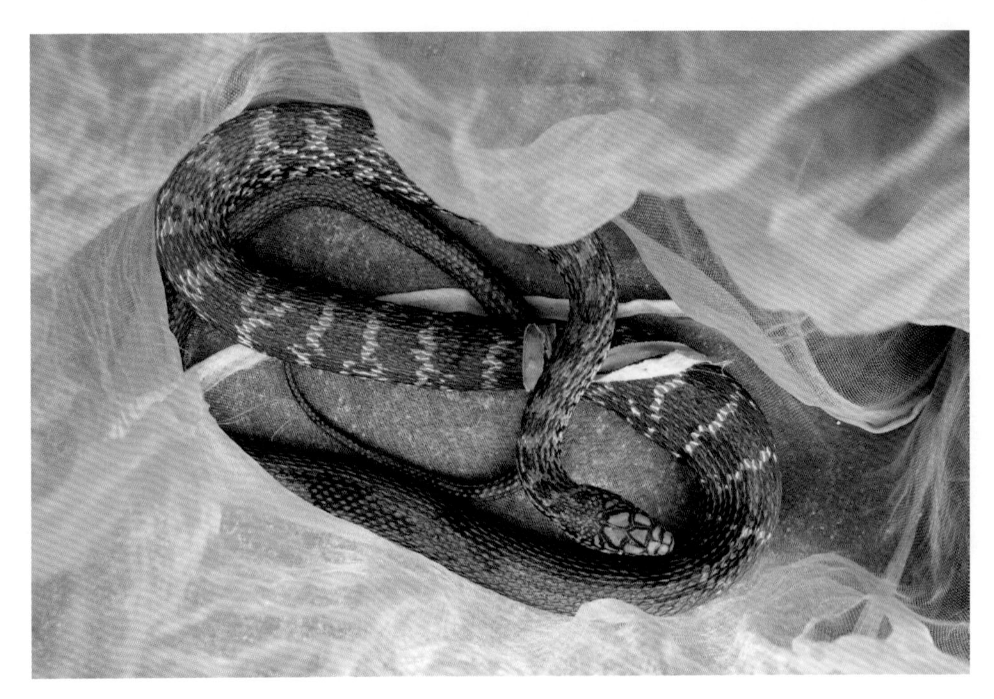

被抓住的王锦蛇

一辈人告诫我们孩子：有一种蛇，叫“王母蛇”（海宁方言），它的头顶上有一个“王”字（注：符合这一特征的，应该是王锦蛇，一种大型无毒蛇），在野外看见是绝对不能打的，因为一旦将这种蛇打死了，这附近的所有的蛇都会知道，然后过来包围这打蛇的人的家。这个说法让幼年的我毛骨悚然——尽管不太相信，但我知道，要是真在野外见到“王母蛇”，我是绝对不敢去打它的。

现在想来，总觉得这个故事里包含着某种隐喻：对于蛇类，虽说对很多人来说，那种近乎本能的畏惧或嫌恶之心一时难改，但我们至少要保持某种底线，否则真的触怒了（或毁了）它们，我们也不会有好日子过。

远去的蛇影，对人类来说并不是件好事。

熠耀宵行

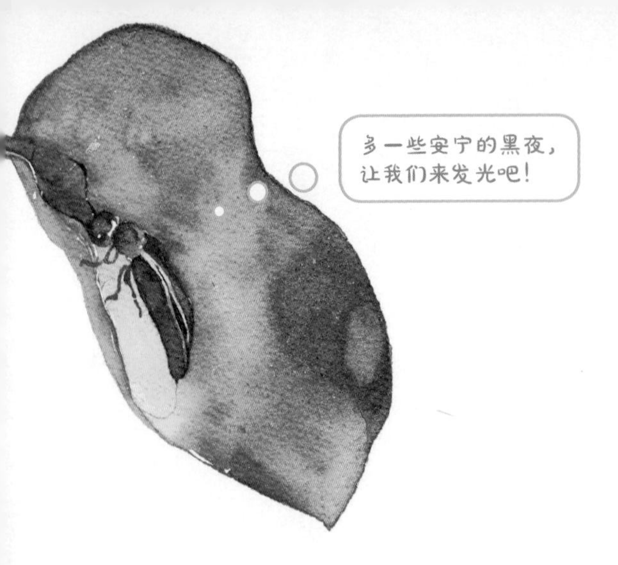

寻找『诗萤』的旅程

或许是物以稀为贵吧，最近几年，萤火虫忽然成了大家关注的热点：文艺青年们纷纷追寻可以观赏萤火虫的地点；摄影爱好者们渴望记录那些由闪烁的微光留下的黄绿色轨迹；有些不甘寂寞的商家则借机炒作，营造所谓“萤火虫公园”——实际上却是从外地捕来大量野生萤火虫到城市里放飞，“浪漫之夜”之后留下的是遍地的萤火虫尸体……

而真正的自然之美，永远等待有心人去发现。非常幸运，2016 年以来，我在宁波多个地方欣赏到了不同种类的萤火虫，有时在夏夜，有时在秋夕。激动之余，也写了几篇文字，记录那些寻萤、赏萤之旅：从《发光的树》（冒暴雨赴外地找寻萤火虫），到《夏夜微光》（终于在本地发现萤火虫，并组织亲子夜探自然活动），再到《秋萤为伴》（秋夜记录到与夏季所见不同种类的萤火虫）。

写完之后，仍感意犹未尽，于是又花了两三个月时间，到处搜罗跟萤火虫有关的古诗，想从诗人笔下再来一次美妙的赏萤之旅——从《诗经》时代直到明清——最后又写了一篇《熠耀夜萤飞，千载有余情》。

寻找“诗萤”的旅程之一

发光的树

我自幼在江南水乡长大，点点萤光对我来说并不陌生。但确实，成年之后，见到萤火虫的机会真的越来越少了。哪怕最近几年痴迷于野外夜拍，也极少见到大群的萤火虫。

2016 年 7 月初，舟山一位爱好自然摄影的朋友，向我描述了他上一年目睹的盛况——无数萤火虫缀满了山路边的一棵树！满树晶晶亮！

这番美丽的叙述触发了我对往事的回忆，同时也让我立即决定要去探访这棵发光的树。

满屋都是小星星

我老家在嘉兴海宁的农村。小时候，屋外不远处就是稻田，每到春夏之际，水田里的蛙鸣声此起彼伏。夜晚来临，好多提着小灯笼的萤火虫就不知从哪里冒出来，在我家门前的小路上闲逛。我每天看着，习以为常。偶尔也会抓一个放在手心，仔细看小虫的屁股一闪一闪，然后，放飞。仅此而已。

但有一次，神奇的事情降临了。

初夏的雨后，中国雨蛙在草丛中鸣叫。雨蛙的栖息环境跟萤火虫类似

20 世纪 80 年代末，我和妹妹都还在读中学。暑假的某晚，劳作了一天的父母已经睡了，而我和妹妹先是在楼上客厅看电视，后来觉得无聊，就关了电视与灯，趴在阳台栏杆上聊天。

静谧的乡村，夜凉如水。

一点，两点，三点……忽然，眼前的夜空中，出现了越来越多的忽明忽灭的光点。啊，淘气的小虫！这么晚了你们还点灯出来干什么呢？

兄妹俩出神地盯着那些看上去毫无头绪的微弱的飞行轨迹。

忽然，无数的光点似乎找到了方向，竟不约而同地一起向我们飞来，如无数的小星星，越过二楼的栏杆，越过惊得目瞪口呆的我们的头顶，一直飞入黑暗的客厅……

我们惊喜莫名，也一起走入客厅，仰头痴痴地看着这满室生辉的萤光。也不知过了多久，这些不请自来的小星星才慢慢散去。这场景美得有点不真实，我和妹妹都感觉像是做了一场梦。

时隔近 30 年，那满屋都是星星在眨眼的奇景，依旧如此鲜明地呈现在我脑海里，恍若昨日。

山村惊魂拍萤光

2012 年夏天，我开始了夜拍探索之旅。偶然发现，在横街镇的四明山中，有个叫狮丰村的小村，村畔的溪流旁常有萤火虫活动。我和鸟友曾在这个山村拍过紫啸鸫、斑头鸺鹠等鸟儿，但那都是白天的事。现在突然间要一个人在晚上去那里拍萤火虫，心里还真有点发毛。

但拍摄美丽萤火的欲望还是战胜了胆怯。

一天晚上，我准备好了数码单反相机、大光圈广角镜头、快门线、三脚架、手电等器材。我以前从未拍过萤火虫，但知道要记录萤火的轨迹，方法跟以前拍摄星空是差不多的，需要通过长时间曝光来完成。

我独自穿过狮丰村，来到村外的溪流附近。为了寻找萤火虫，我关闭了高亮手电。一瞬间，无边无际的浓重的黑暗包裹住了我。星空逐渐显现，但处在对夜色的恐惧中的我感觉不到它的美丽。

萤火虫飞出来了，在山路边忽明忽暗。我的心在加速怦怦跳，不知是因为害怕，还是因为欣喜。我重新打开手电，但把亮度调到最弱，还在灯头前蒙了一块红布——据说萤火虫对红光不甚敏感，然后在摸索中把相机安装上三脚架，开始拍摄。

但可惜，镜头附近的萤火虫充其量只有 10 只，拍了半天，在相机屏幕回放照片时，觉得没有一张是满意的。

忽然，一阵风吹过，对面山坡的竹林在暗黑中微微起伏，发出簌簌的声音。我顿时觉得有点毛骨悚然，竟不由自主地想起了《聊斋志异》中的描述："斋临旷野，墙外多古墓，夜闻白杨萧萧，声如涛涌。"

后来几年，随着夜拍经验的丰富，我的胆子越来越大，逐渐习惯了独自在黑暗的山林中行走、拍摄，但依旧没见过大量的萤火虫，最多只有零星的两三只在飞舞，没有拍摄价值。

寻找一棵发光的树

愈是难以实现的目标，愈是让人心痒难搔。

2016 年 7 月初，舟山的小姚突然跟我们说：在桐庐山中有好多好多萤火虫可以拍，约不约？

真是一呼百应，小姚、丹尼、文明、小赵、孙小美等人，加上我们一家三口，相约于接下来的周六齐聚位于桐庐深山的白云源。从宁波到白云源有 250 多公里，那天在高速公路上接连遇到三场大暴雨，雨最大的时候能见度只有十几米，我边小心开车边心想：估计今晚拍萤火虫没戏了！

好在到白云源之后得知，当地的雨不是很大。而我们到达目的地的时候雨早已停了，农家乐附近的盘山公路边，一片“吱吱唧唧”如鸟鸣声，那是天目臭蛙在叫。

寻找萤火虫路上见到的福建大头蛙

寻找萤火虫路上见到的波纹翠蛱蝶

晚饭后，一行十人，背着器材出发寻找萤火虫。据农家乐老板说，由于近期大雨不断，通往萤火虫聚集地的那条溪边山路有塌方现象，不能开车进去。于是，我们只好步行前往，小姚说，大概要走四五公里。

我们边走边寻找蛙、蛇之类。“给！给！”前方传来一阵独特的蛙鸣声。“弹琴蛙！”我说。快步走去，果见路边有个小水坑，一只弹琴蛙躲在草丛里。不过我曾多次拍过这种蛙，因此对它兴趣不大。我的目光很快落在水坑边缘的一只小蛙上，我以前没见过这样的蛙。

“福建大头蛙！”旁边不知谁说了一声，这让我大喜过望，真是得来全不费工夫啊！水坑里有两只福建大头蛙，一雌一雄，雄蛙的肩部位置肌肉发达，看起来很魁梧壮实的样子。

继续前行。斑腿泛树蛙在水边鸣叫，声音很像有人在角落里独自“啪啪”地轻声鼓掌；竹叶青、钝头蛇安静地缠绕在树上；黄链蛇一见到我们就往洞里钻；靓丽的波纹翠蛱蝶停在树叶上休息……一路上虽不寂寞，但负重走约 5 公里的山路毕竟也是件挺累的事情。

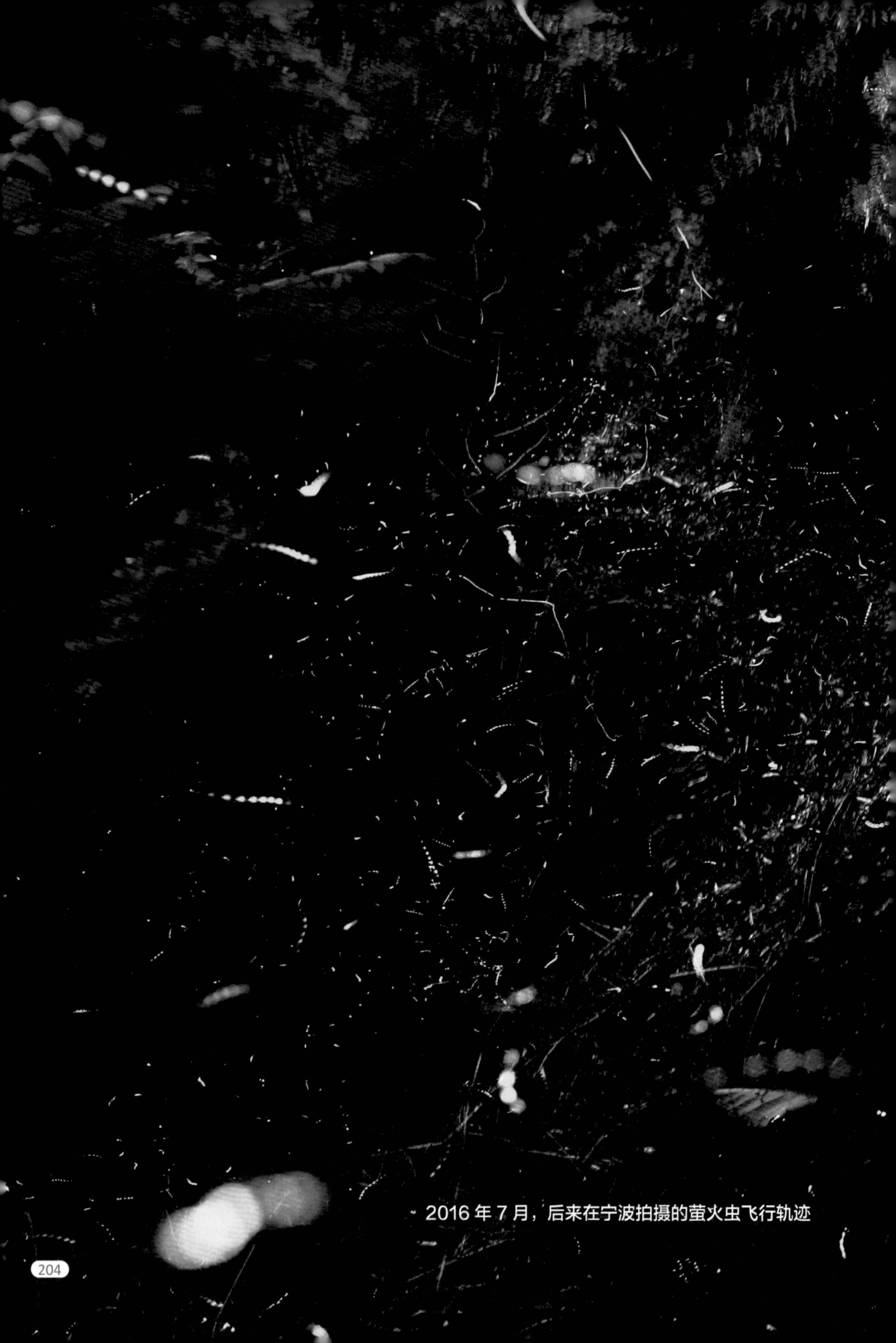

2016 年 7 月，后来在宁波拍摄的萤火虫飞行轨迹

“小姚，快到了吗，那棵发光的树？”我问。

“快了快了！”小姚说。

“又渴又累，我都快走不动啦！但一想到这棵亮闪闪的树，就又来了精神。”和孙小美同车来的女孩说。

“白杨梅！白杨梅！”孙小美的声音从前方传来。

正如“望梅止渴”这个成语所言，大家的精神顿时为之一振，可跑上去一看都笑了：什么白杨梅，原来是路边的一颗杨梅树上还残存着一些尚未红透的杨梅而已！

但我们还是一拥而上，尽量挑有点红的杨梅摘来吃。

“萤火虫！萤火虫！快关闭手电、头灯！”两个女孩在前面喊了起来。这声音无疑是一剂强心针。我跑上前，关了灯光，仔细搜索，可哪里有萤火虫？好不容易，才找到一两个忽明忽暗的光点。

“到了，就是这棵树。可是，没有几只萤火虫。”

最后，当听到小姚这么说的时候，很奇怪，我并不感到多少失望。

或许，是因为我早已预料到了这个结果；或许，是因为多年跟大自然打交道的经验告诉我，追寻之过程本身，通常要比目的重要。

那棵发光的树，不会因为一次的失败，而在我心中熄灭。

寻找“诗萤”的旅程之二

夏夜微光

为了追寻一棵由萤火虫照亮的发光的树，2016 年 7 月，我们冒着暴雨，驱车 250 多公里，从宁波到桐庐深山的白云源景区，但还是没看到那梦想中萤火飞舞的美景。

但，真的如老话所说：“苦心人，天不负。”从桐庐回来后不久，我就在朋友圈里看到，我的朋友培坚，他晚上带着孩子，在慈城英雄水库附近的山里看金蝉脱壳，而当他们准备回家的时候，关闭了手电，此时忽然发现，身边有点点微光在夜色中飘动。

“啊，没想到是成群的萤火虫！那景象犹如繁星闪烁！”培坚激动地说。

寻觅“暗夜微光”

很多萤火虫依赖洁净的水体及附近繁茂的草木而生，因此被称为环境质量的指示物种之一，它们对自然环境要求很高，在有水污染、光污染的地方都是没法生存的。英雄水库的三面被山包围，周边有一些小型湿地，因此附近有萤火虫，倒也不奇怪。

我第一时间给培坚打电话，想了解具体地点。可是他说，他也是第一次到英雄水库，对周边环境不熟，因此很难说清楚自己的方位。我决定自己去寻觅。7 月中旬的一个晚上，雨后放晴，我带着女儿航航，驱车来到英雄水库。可是，一到那里就失望了，因为在水库周边的盘山公路上，路灯连绵，非常明亮，在如此强的灯光下，就算找到萤火虫，也是很难拍摄的。

后来，我们决定往远离路灯的地方寻找。选择了一条小路，打着手电慢慢往里走。走了七八百米，感觉路灯的影响完全没有了，我们就把手电关掉。一瞬间，伸手不见五指的夜色包裹住了我们，让人心里微微有点害怕。

“爸爸！萤火虫！这里有萤火虫！”航航忽然激动地喊了起来。真的！就在前面两三米远的地方，有一个光点忽明忽暗，飘忽不定。再定神一看，周围起码有十几只萤火虫呢，有的在慢慢飞，有的则停栖在草叶上一闪一闪的。我轻轻抓了一只萤火虫放在航航手心，她仔细观察了一会儿，随即将其放飞了。我们静静地站在暗夜中，打着“小灯笼”的萤火虫居然会一闪一闪地飞到我们眼前来，好像在朝我们眨眼睛打招呼，这种感觉非常奇妙。

宁波江北区英雄水库的浅滩湿地。正是在这个湖畔发现了萤火虫

后来，我们又在周边走了走，发现附近几百米范围内或多或少都有萤火虫，最多的一处地方，我们称之为“鬼屋”——因为那是一幢无人居住的破败房子。“鬼屋”旁有一片竹林，还有一个巴掌大的小水塘。那里有几十只萤火虫相对集中在一处。这已经是我近年来在宁波见到过的最大数量的萤火虫种群。

不过，由于当晚花在寻找上的时间太多，我们已没有太多时间拍摄，就先回家了。

定点拍摄“流萤飞舞”

接下来，我用了两个晚上去那里拍摄萤火虫。

在这里，先为大家简单介绍一下拍摄萤火虫（实际上是拍摄其飞行轨迹）的方法。其实这跟拍摄星空有点类似，即得采用长时间曝光，因此必须使用三脚架来稳定相机。

由于萤火虫的光非常微弱，故首先得选择没有任何光污染的、接近全黑的拍摄地点，然后采用大光圈、高感光度（ISO）再加长时间曝光来完成，我的单张拍摄的曝光参数为：光圈 F2.8、ISO1600、快门速度 30 秒，至于白平衡，则推荐使用钨丝灯模式，这样可以较好地拍出萤火虫的黄绿色的光。

由于单次成像的画面所记录到的萤火虫的光毕竟不多，因此一般需要将若干张照片叠加在一起，才能得到大量萤火虫飞舞的影像。所以，在拍摄萤火虫的时候要切记：必须全程定点拍摄，绝对不能移动相机一丁点，否则后期叠加的时候整个画面的背景清晰度就会严重下降。

第一个晚上，尽管镜头前的萤火虫数量不少，但由于我缺乏经验，在拍摄过程中多次回放相机的屏幕，导致相机发生极轻微的移动，因此最后通过软件叠加得到的照片不够清晰。第二个晚上，吸取了头天晚上失败的教训，我再次前往拍摄。航航又跟我去了，尽管那地方很闷热，蚊子不少，她还是坚持站在“鬼屋”旁，帮我按快门线。在一个多小时内拍了 100 多张照片，最后选择其中的几十张进行叠加，最终得到了一张“流萤群飞”的照片，这是我第一次拍到还算满意的萤火虫飞行光迹的影像。

和萤火虫合个影

这张照片在《宁波晚报》上发表后，引起了读者的强烈关注。后来，好多人要求我们组织一次“夜探萤火虫”的活动。此次活动的报名通知通过微信发出去之后，寥寥几个名额马上被“秒杀”。很多人要求我们增加名额，但考虑到安全问题，我们还是婉拒了。

看萤火虫的当晚，大家在水库边的一块空地上集合。各路人马一下车，互相一看，都笑翻了：大家的穿着打扮，可谓奇形怪状，什么样的都有，戏称“丐帮”。由于我们在发出报名通知时就强调要做好安全防护工作——毕竟参与的家庭几乎从未夜探过荒野，因此大家个个脚穿高帮雨靴，用五颜六色的皮肤衣把身体（包括头部）紧紧包裹，

2016 年 7 月，出发寻找萤火虫

也有的戴着花里胡哨的帽子。还有几个小朋友，神气地戴着头灯，并手持登山杖。

就这样，这支古里古怪的队伍走入茫茫夜色，沿着水库边的田野一路前行。快到目的地时，我说："前面就是'鬼屋'，有萤火虫，请大家都关闭灯光！"顿时，所有人都兴奋起来，孩子们更是"哇哇"叫着，跃跃欲试。灯光熄灭后，眼睛有个短暂的适应过程，慢慢地，眼前的景物逐渐浮现出来。一点，两点，三点……小小的光点在竹林边飞舞。"萤火虫！萤火虫！"大家都开心地叫了起来。

我让大家安静。点点萤火慢慢飞来，绕过我们的身边，忽前忽后，忽左忽右。所有人都屏声静气，注视着这些提着忽明忽暗的"小灯笼"的虫儿。有一只萤火虫，居然在小朋友的手边绕着飞了好一会儿才离开。每个人都很陶醉，我听到有人轻声说："太美了，太美了！"

2016 年 7 月，单次成像记录的萤火虫飞行轨迹

我提议：“和萤火虫合个影，如何？”

于是，我让大家站成一排，至少 30 秒不能动。然后将相机放在前面，进行 30 秒的曝光。在这半分钟的时间里，两三只萤火虫一闪一闪地飞过大家身前，相机记录下了这黄绿色的轨迹。

看完萤火虫，我们离开竹林，来到开阔地。同事许天长拿着激光笔，指点星空，告诉大家：这是织女星，这是牛郎星，这是天津四，这是大熊星座……

仰望星空之后，我还带着大家低头寻蛙。泽陆蛙到处都有，且不去说它。小水坑边，饰纹姬蛙叫得响亮，但我们找了很久才看到它们。这是一种很小的蛙，具有极好的保护色。

心中的萤火

事后，一位参加活动的女士在朋友圈里这样描述这次经历：“夜萤飞舞若流光，好美。抬头往上看，恍惚间，竟分不清是萤火虫的亮光还是星星的闪烁。”

她还说：“萤火虫最多的地方是沼泽附近，昨晚的观察印证了这点。不禁想起那句著名的俳句：‘心里怀念着人，见了泽上的萤火，也疑是从自己身里出来的梦游的魂。’此时，万籁俱寂，只有这星星点点的灿烂。你的心里，可曾有怀念的人……”

我的同事老袁的女儿果果，那天晚上也跟我们一起去夜赏萤火虫。几天后，老袁告诉我，果果回家后非常激动，绘声绘色地跟父母描述整个过程的细节。次日晚上，小女孩闭门待在自己的卧室里好久，然后请爸爸妈妈熄灯走进来，哇，原来，这个孩子用彩色荧光笔在墙壁上到处描绘，想让父母也感受一下那美丽的萤火……

我听后，简直惊呆了，心里充满了感动。我知道，大自然的神奇与美丽，犹如星星点点的萤火，正在一个孩子的内心深处闪闪发光。

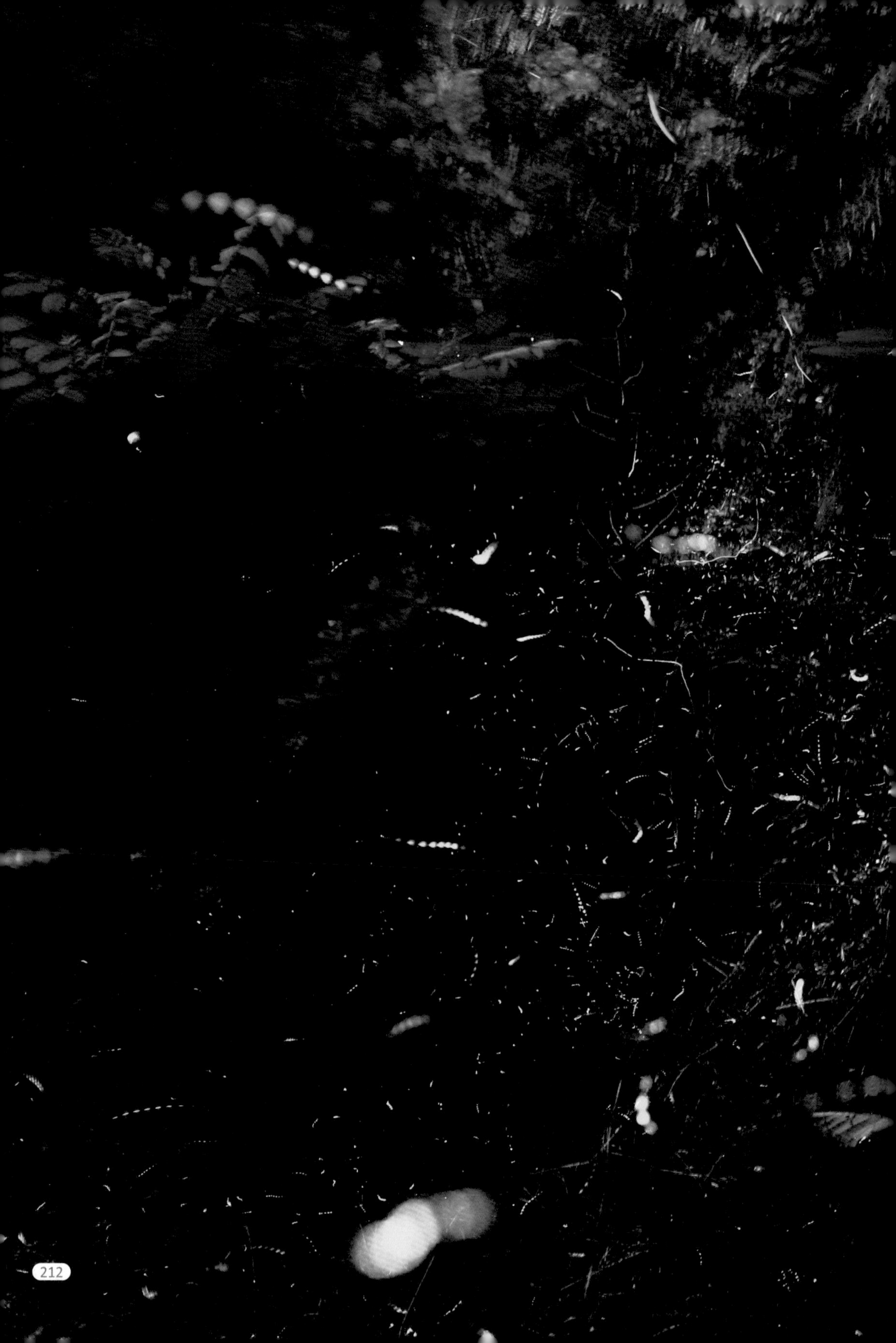

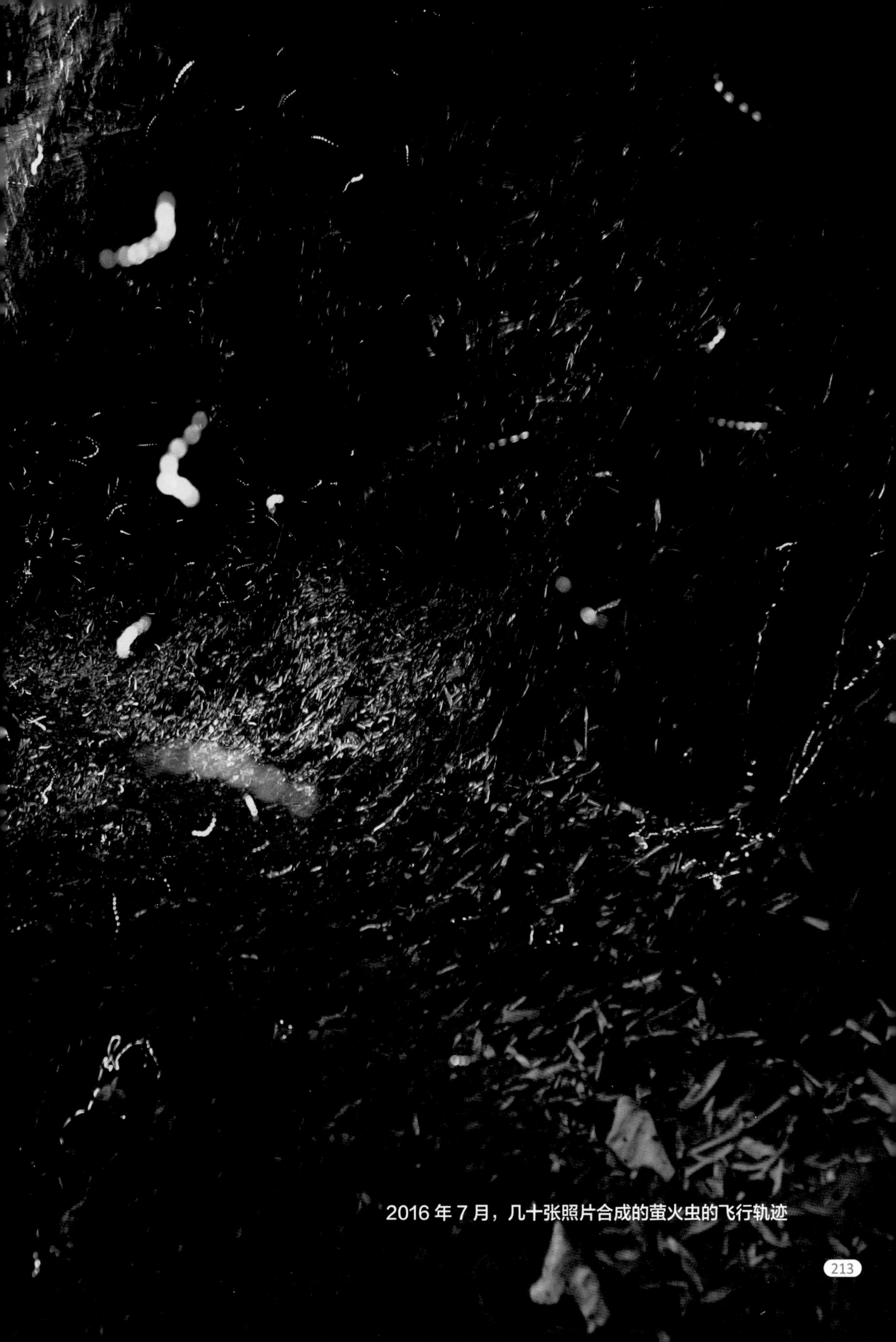

2016 年 7 月，几十张照片合成的萤火虫的飞行轨迹

萤火虫让我们变成了诗人

2018年夏天，我又多次带队亲子自然观察活动，其中包括到四明山的高山上赏萤火虫。有一次，原本天上云比较多，后来随着云层的散去，星星逐渐多了起来。当时，有个小女孩就在我身边，她抬头看了看天，忽然说了句：

星星变多了，是萤火虫飞到天上去了吧？

当时我很感动，马上向大家介绍了这个小姑娘的即兴“创作”，我说：“这就是诗啊！”

是的，别说孩子，就连大人们都仿佛回到了童年，甚至情不自禁地成了出口成章的诗人。这里再选取部分家长（下列名字均为网名）于活动结束后在朋友圈中发的“感言”（原汁原味呈现，只改正个别笔误）：

晶晶-shining：借着暮色，我们驱车近50公里，挺进四明山……在一轮红月下，大山雀老师带着我们几十号人夜游自然，聆听天籁。边走边拍边玩边听讲解，孩子们都兴奋极了，夜晚的小动物与白天不太一样呢，快拿手电筒好好观察！看，这只斑腿泛树蛙，过足了大明星的瘾……身在大自然中，欣赏绚烂的流萤飞舞，是多么美好的回忆啊！

鱼小翘：误入了另外一个世界。见过再多的照片，也抵不上一只真实的萤火虫在身边忽近忽远地飞，突然停在手上两秒的感觉。

水壶：跟着大山雀老师来次夜观生物之旅，多年没见那么多萤火虫了，关灯后，短短几百米路，小精灵频频闪现，大人都陶醉在童年记忆里了……

Echo：周末实现了一个小小的愿望，带女儿去深山看萤火虫。一轮明月从远处的山脊冉冉升起。熄灭了所有的灯，当眼睛适应了黑暗，忽然看到萤火虫像一盏一盏的小灯在四处起舞，忽明忽灭，忽上忽下，感觉很梦幻。她问我我小时候也有萤火虫吗？是的，小时候的夏夜，萤火虫也是遍地飞舞的，夜夜都在，陪伴了我整个童年。那时候不觉得有什么特别，直到现在，因为失去，所以寻觅。

（看完萤火虫之后）溯溪夜探，青蛙是常客，灯照着它，它也瞪大眼睛看着你。你好奇，它也好奇。……溪边一棵年轮很多的玉兰树树叶葳蕤，树根处有很大的树洞。……一些话，只能说给树洞听，此时来不及，待春天再来看你。

最后，再选用网名为“净”的女士在朋友圈发的一首即兴诗：

昨晚跟随大山雀老师
走进深山探索自然的秘密

我们行驶过陡峭的山路
跋涉过潺潺的溪流
在菜园边驻足倾听
在红月光下徘徊
在那里
我们接受了萤火虫的亲吻

2018 年 7 月，拍摄于四明山高山上的萤火虫轨迹

和不同种类的蛙蛙打招呼
认识了马陆、蟋蟀和金蝉脱壳

“好可爱、太萌了”的声音此起彼伏
妹妹一直在做保安大队长的工作：
小心点
不要踩到大蚂蚁
小心点抓
不要伤害它

这个夜晚
孩子们都展现了自己的天性
就是热爱自然和小动物
你们也一样会被自然和动物宝贝们爱着的

寻找“诗萤”的旅程之三

秋萤为伴

有了 2016 年的经验，我决定在 2017 年到四明山里寻找萤火虫。8 月初的一个晚上，到了海拔约 400 米的半山腰上的一个小村。这里人口不多，清凉而安静。村边，除了小溪潺潺的声音，就是时断时续的蛙鸣声。很幸运，我很快发现路边的灌木丛、菜地、竹林等处，只要

宁波四明山的溪流环境

2017 年 8 月，宁波四明山中，几十张照片合成的萤火虫飞行轨迹

是路灯照不到的地方，几乎都有萤火虫。这里的萤火虫的光，跟 2016 年在英雄水库发现的一样，大多是忽明忽暗的黄绿色，只有极少数萤火虫会持续闪光，在空中划出一条美丽的弧线。

2017 年暑期，在宁波市图书馆举办的“大山雀自然学堂”中，我和大家分享了跟夏天有关的博物故事，包括萤火虫。没想到，一位带女儿过来听讲座的妈妈，特意过来跟我说，在她老家的田野里，每年 10 月都会见到好多好多萤火虫呢，盛夏时反而没有！我听了大吃一惊，赶忙问：“真的吗！在哪里呀？”她说：“在鄞州咸祥，到时候我们约一下！”

就这样，我又开始了美好的期待。

外婆家的乡野

这位妈妈名叫静润，是一所小学的语文老师，她女儿小名“心心”，还在读小学。2017 年 10 月 2 日晚上，静润通过微信发了几秒钟的视频给我，说：萤火虫有了，好多！我一看，果然，点点绿光，在漆黑的夜里飘来飘去。心想，用手机都能拍到飘荡的萤火，说明那里的萤火虫不仅多，而且发的光还挺亮。

于是，我们约好 10 月 7 日晚上去看萤火虫。那天下午，我和妻子一起，开车到静润家附近，接上她们母女，然后直奔心心的位于咸祥镇的外婆家。那是一个位于山脚的小村，发源于山中、直通东海的大嵩江在村外缓缓流过，田野里有几块小湿地。孩子的外婆一边忙着为我们准备晚餐，一边说："心心从小就爱到外婆家玩，在田野里乱跑，每年都来看萤火虫，还曾抓了蜻蜓放在蚊帐里，说看看它到底能不能抓蚊子吃。"我们都笑了。我说："心心，你真幸福啊！现在很少有孩子能像你这样，经常与大自然保持亲密接触。"

趁天色尚亮，我们先到田野中走走。静润说，前几年，这里几乎都是水稻田，可现在很多稻田都变成种花木的田了，萤火虫的活动范围比往年小了，好可惜。我说，是啊，稻田实际上是一种湿地，适合很多生物生长；而花木田属于旱地，除了花木本身，几乎寸草不生。再说，卖花木的时候，势必有很多泥土会被带走，造成水土流失。

白鹡鸰"及令、及令"叫着，在空中一起一伏，如波浪般飞过；棕背伯劳停在电线上，低头观察田野里的动静；白鹭待在大嵩江的水草边，伺机捕食。一切都那么静谧。我们边走边聊，直到红彤彤的夕阳没入西边的山脊线，才回去吃晚饭。

饭后，夜色正浓。不知何时，心心已跑到外面去，很快又跑了回来，喊道："萤火虫，萤火虫，外面已经有了！"于是，我赶紧收拾相机、三脚架等器材，和大家一起往村外走。才走了几十米，果然见到两三点萤火悠悠飞来，飘过路边的篱笆。等走到完全没有路灯影响的地方，萤火虫就更多了。而且，我惊喜地注意到，这里的萤火虫跟我以前拍的不一样。原先几次所见的萤火虫都发黄绿色的光，而且以一明一暗

2017 年 10 月，单次成像的萤火虫飞行轨迹，像一道绿色的闪电

闪烁发光为主，而此地的萤火虫，则几乎都是持续发绿光，因此在田野上空形成一道道相当明亮的绿色光迹。我赶紧架好相机，开始定点拍摄。心心也没闲着，拿了一个白色的小网兜，在附近的田野中不时地“捞”萤火虫。当然，她只是为了好玩，没过一会儿，就把萤火虫全放了。

共赏秋夜萤火

那天是农历八月十八，晚上 7 点多，一轮又红又大的月亮悄悄从东边的地平线上升起来。没过一会儿，月亮的红色就开始褪去，一轮明月挂在远处的大树之巅。

清亮的月光、轻舞的萤火，这景象美得难以用语言描述。站在田野中的我们，都看呆了。不过，很快，我心里不禁暗暗叫苦，因为，皎洁的月光会对萤火虫的发光产生影响，也对拍摄有影响。果然，萤火虫越来越少。晴天的夜晚，地面辐射降温明显，气温下降很快。心心的外公摸了一下身边的花木的叶子，说：“都是露水啦！”

我们眼见着萤火慢慢隐去，不少萤火虫钻入草叶之下不出来了。

收工回家。我迫不及待地将几十张照片导出，并用天文摄影常用的星轨叠加软件，将这些定点拍摄的照片合为一张，得到了约一个小时内萤火虫在镜头前的飞行轨迹。

三天后，即 10 月 10 日的傍晚，看着晴朗、通透的天空，我的心又开始“蠢蠢欲动”，于是决定再去咸祥拍萤火虫。到达那块田野时，天色还有点亮，因此我就在路边闲逛。这时迎面走来两位老人。朦胧中，我们都认出了对方，原来就是心心的外公外婆。两位好客的老人一个劲地“怪”我：“你来了，怎么不事先打声招呼啊，到我们家吃晚饭嘛！”然后，阿姨还告诉我，自从上次我来拍过萤火虫后，近两天他们老两口晚饭后出门散步，就到处留意田野里的萤火虫，结果发现还是我上次拍的那块田野萤火虫最多。

怕我独自站在田野中拍照太孤单，二老站在我身边，跟我聊天。我看过国内研究萤火虫的专家付新华的书，知道在天黑以后的约两小时内是萤火虫活动的高峰期。而在这两个小时内，当天是没有月光影响的。因此，那天我们很幸运，田野里到处都是萤火虫在飞舞。两位老人也非常开心，连声说今天的萤火虫真的好多好多！

阿姨还好奇地问我："你怎么每次都是朝着北边的山的方向拍啊？"我说，其他方向几乎都有路灯，拍出来的照片中，路灯的光会明显盖过萤火虫的光，很难看。她听我这么说，就故意开玩笑说："早知道我拿个弹弓来，'砰'的一声，把灯打灭了！"我顿时被她逗乐了，笑得不行。

而叔叔也跟阿姨一样，童心大发，不停说："哇！看，这边萤火虫好多！呀，怎么不飞到镜头前面来？……哦，哦，好几只一起飞来了，这下肯定都拍到了，太赞了，太赞了！"他一边说，一边顺手"抄"起飞过身边的萤火虫，然后轻轻在相机前放飞。

那天我拍了两个小时，二老也陪我在田埂上站了两小时，不顾蚊子的叮咬。我几次劝他们早点回去休息，他们都不肯。我知道，他们一方面固然是怕我寂寞，另一方面显然也是被这美丽的秋夜萤火感动了。

熠熠微光动人心

回家后，将新拍的140多张图片叠加，得到了一张"流光溢彩"的照片：近处，是萤火虫在夜空中的美丽"光绘"，远处则是长时间曝光形成的星星的轨迹。真没想到，迄今自己最满意的萤火虫照片是在过了中秋节后拍的。

事后我读了一些有关萤火虫的古诗，不禁哑然失笑。原来，早秋有萤火虫是很正常的事，古代诗人们早就写了很多关于秋萤的诗，如下面两首有名的唐诗：

> 时节变衰草，物色近新秋。度月影才敛，绕竹光复流。（韦应物《玩萤火》）
>
> 银烛秋光冷画屏，轻罗小扇扑流萤。天阶夜色凉如水，卧看牵牛织女星。（杜牧《秋夕》）

萤火虫的光虽然微弱，但在暗夜里照样熠熠生辉，深深触动了诗人的心，由此才有了这些千古流传的诗句。

忽然又想起了曾经打动无数人的韩国爱情电影《假如爱有天意》中的经典一幕：

暮色四合，小河的木桥旁，点点萤火飘荡闪烁。背着家人到郊野玩了一天后，曹承佑（在影片中饰演男主角）背着扭伤了脚的孙艺珍（在影片中饰演女主角）来到小桥边，顿时被眼前的美景吸引住了。男孩把女孩放在木桥上，自己下河捉了一只萤火虫，轻轻将它放在女孩手心。没想到，这萤火虫的微光，让两人悄悄地以心相许。

痴迷于自然摄影十余年，我深深感觉到，丰富而深邃的大自然，总能触动一个人心中最柔软的地方，让孩子更加好奇与敏锐，让女人更加善感与温柔，让男人更加细心与勇敢，连饱经沧桑的老人也会时常绽放天真的笑容。

寻找"诗萤"的旅程之四

熠耀夜萤飞　千载有余情

如果说燕子、大雁、鹡鸰等鸟儿是我国古代著名的"诗鸟"，那么萤火虫就是受宠的"诗虫"。在自《诗经》以来的两三千年的古典诗歌长河中，这些在夜空中提着"小灯笼"的飞虫曾无数次被咏唱，其形象熠熠生辉，令人陶醉。

熠耀宵行，伊可怀也

萤火虫第一次"飞"进中国古典诗歌，自然是在伟大的《诗经》中。《国风·豳风·东山》是一首感人的抒情诗，也是一首典型的博物诗。其大意是说，出征三年的男人终于踏上还乡之旅，一路上，细雨蒙蒙，他思绪万千，想象家园已荒芜、妻子在悲叹……诗中一节说：

> 我徂东山，慆慆不归。我来自东，零雨其濛。果臝之实，亦施于宇。伊威在室，蟏蛸在户。町畽鹿场，熠耀宵行。不可畏也，伊可怀也。

光在这一节中，诗人就用了多种动植物，竭力描写家舍败落、冷清的模样。由于生僻字太多，有必要先解释一下名词：果臝（luǒ），是一种葫芦科植物，一名栝楼；伊威，是一种小虫，又称鼠妇、西瓜虫，喜阴暗潮湿的地方；蠨蛸（xiāo shāo），是一种长脚蜘蛛；町疃（tǐng tuǎn），则是指田舍旁空地，禽兽践踏的地方。

大家可以想象一下：藤蔓在屋宇下蔓延，小虫在阴湿的室内乱爬，蜘蛛在久闭的门户上结网,野鹿在屋旁空地上践踏,到了晚上,则是“熠燿宵行”，点点微光在漆黑的夜空中闪烁……

不过，古往今来，历代注家对“熠燿宵行”的具体含义还是有不同看法，十分复杂。分歧之所在，主要就是：这四个字描述的到底是萤火虫还是磷火？

从我所读到的约10种关于《诗经》的名家注释来看，多数人认为，“熠燿”（燿，同“耀”）是形容光亮、鲜明的样子，而“宵行”则是指萤火虫。如周振甫《诗经译注》、程俊英与蒋见元的《诗经注析》、高亨《诗经今注》等，均持此观点。

宋代大儒朱熹的《诗集传》则说：“熠燿，明不定貌。宵行，虫名，如蚕，夜行，喉下有光如萤也。”从朱熹的描述来看，这里的“宵行”实际上是指萤火虫的幼虫。萤火虫的幼虫体长通常明显长于成虫，同时也会发光。不过幼虫发光，是为了对天敌表示警戒，而不像成虫发光是为了求偶。明朝李时珍的《本草纲目》，在“萤火”条目下，把萤火虫分为飞萤、宵行、水萤3种，其中，“宵行”身长如蚕，“尾后有光，无翼不飞，……俗名萤蛆”。朱熹说“喉下有光”，疑为观察有误。

也有人认为（如余冠英《诗经选》），“宵行”是指磷火，即鬼火。而向熹译注的《诗经》，则认为“熠燿”才是指磷火，而“宵行”，是夜间流动之意。这一观点来自《毛传》：“熠燿，磷也。”但古今均有学者认为，“磷”通“蟒”，还是萤火虫的意思。

当代胡淼在其所著《〈诗经〉的科学解读》中认为，“宵行”是指萤火虫。而萤火虫通常栖息于温暖湿润的地方，萤火在夜空中的明灭不定状，在古人眼里，一如从尸骨逸出的磷质物于野外自燃所形成的“鬼火”，令迷信者见之毛骨悚然。

四明山山村老宅前的萤火虫

尽管三年未归的故园已如此荒凉，但诗人还是说“不可畏也，伊可怀也”，毕竟这是自己的家乡，永远让人牵肠挂肚。

幸因腐草出，敢近太阳飞

我相信，读了上述关于“熠燿宵行”的一些考证，恐怕很多人会跟我一样，感觉“你不说我还明白，你一说我反而糊涂了”。确实，虽说厘清字源词义很重要，但过于纠缠，恐怕就会被人讥笑为“寻章摘句老雕虫”，有泥古不化之嫌，反而有损于诗意了。

在《国风·豳风·东山》一诗中，下文还有“仓庚于飞，熠燿其羽”之句，则“熠燿”原本是形容词无疑。但实际上，《诗经》时代以后的很多古代诗人，老早就拿它来借代萤火虫了。

十八世纪中后期的日本人冈元凤所著的《毛诗品物图考》，因图解

《诗经》名物而颇为著名，影响很大，鲁迅也很喜欢。此书引西晋张华《励志诗》“凉风振落，熠燿宵流”之句，来证明“是熠燿之为萤也”。也就是说，张华的诗句就是用“熠燿”来代指萤火虫的微光。

此后，类似用法屡见不鲜。如唐代元稹的长诗《江边四十韵》中有句云：“濩落贫甘守，荒凉秽尽包。断帘飞熠燿，当户网蟏蛸。”这里也是在竭力描写荒凉败落之境，其中“熠燿”“蟏蛸”直接化用于《国风·豳风·东山》。

宋代苏轼《秋怀二首·其一》云：

> 苦热念西风，常恐来无时。及兹遂凄凛，又作徂年悲。
> 蟋蟀鸣我床，黄叶投我帷。窗前有栖鹏，夜啸如狐狸。
> 露冷梧叶脱，孤眠无安枝。熠燿亦有偶，高屋飞相追。
> ……

诗中体现的是孤寂凄凉的心境。这里的“熠燿”，非常明确是指在夜空中闪烁求偶的萤火虫。可见，受《诗经》影响，在很多古代诗人看来，“熠燿夜飞”已经成为一种代表荒寂的意象。

萤火虫的栖息环境也加深了这种荒寂感觉。古人认为“季夏之月……腐草为萤”(《礼记·月令》)，即萤火虫是由腐草变化而生的。现代人当然都知道，事实不可能是这样。有“中国萤火虫研究第一人”之称的付新华博士，在其所著的《故乡的微光——中国萤火虫指南》一书中说：“萤火虫对生活环境较为挑剔，它们只生存在生态环境好的地方，如河流、湖泊、湿地、稻田、森林等，这些地方的共同特点就是草木繁茂，较为湿润，没有灯光的干扰和农药的污染。”

古人看到萤火虫经常在阴湿的草丛中出没，就以为它们是腐草所化，这在诗中也多有体现。如唐朝杜甫《萤火》诗云：

> 幸因腐草出，敢近太阳飞。未足临书卷，时能点客衣。

随风隔幔小，带雨傍林微。十月清霜重，飘零何处归？

这里的“敢”，是“岂敢、不敢”之意。有人认为这首诗借咏萤火虫而讽刺宦官，“指李辅国辈，以宦者近君而挠政也”（南宋黄鹤《补注杜诗》）；也有人认为这就是一首普通的感叹人生的咏物诗。我个人感觉，诗意倾向于后者。

南宋释文珦亦有《萤火》诗云：

尔质非天赋，唯从腐草生。细微曾未觉，变化亦难明。
自照光宁远，群飞体更轻。空教征戍归，容易动离情。

以上两首同题诗，实际上都是在借萤火虫“从腐草生”而喻其出身卑微。

微萤不自知时晚，犹抱余光照水飞

如果说从“熠耀宵行”到“唯从腐草生”，反映的是中国古典诗歌中萤火虫的意象体现为“荒、寂、湿”这三字，那么接下来还有一个字，应当是“凉”，即“秋凉”之凉。

正如前一篇《秋萤为伴》中所说，现在，绝大多数人是把萤火虫跟夏夜紧密联系在一起的，因此当大家听说“秋天也有萤火虫”的时候，反而很吃惊。但就我读到的古诗（尤其是唐以后的古诗）而言，关于秋夕萤火的诗句，明显多于夏天。除《秋萤为伴》中所举的韦应物《玩萤火》、杜牧《秋夕》这两首诗以外，还有很多。

如初唐骆宾王的《萤火赋》：

若夫小暑南收，大火西流，林塘改夏，云物迎秋。……绕堂皇而影泛，疑秉烛以嬉游。点缀悬珠之网，隐映落星之楼。

萤火虫幼虫

乍灭乍兴，或聚或散。居无定所，习无常玩。曳影周流，飘光凌乱。泛艳乎池沼，徘徊乎林岸。……

另一位初唐诗人王绩的《秋夜喜遇王处士》：

北场芸藿罢，东皋刈黍归。相逢秋月满，更值夜萤飞。

大诗人杜甫还写过一首《见萤火》：

巫山秋夜萤火飞，帘疏巧入坐人衣。
忽惊屋里琴书冷，复乱檐边星宿稀。
却绕井阑添个个，偶经花蕊弄辉辉。
沧江白发愁看汝，来岁如今归未归。

如果说，王绩因为在秋月萤飞之夜见到朋友而欣喜，那么同样在秋夜见到萤火虫的杜甫，却有了悲秋思归之意。

中晚唐诗人贾岛早年曾为僧，他的诗多有禅境，如《夏夜登南楼》：

水岸寒楼带月跻，夏林初见岳阳溪。
一点新萤报秋信，不知何处是菩提。

题目明明写的是夏夜，第三句却语气一转，说“一点新萤报秋信”，一股微凉清寂的气息便飘了过来。

南宋诗人周紫芝的《秋晚二绝·其二》：

月向寒林欲上时，露从秋后已沾衣。
微萤不自知时晚，犹抱余光照水飞。

又是“露沾衣”，又是“照水飞”，水的元素的加入，使得秋凉的意味更浓了。

秋风放萤苑，春草斗鸡台

上面举了那么多关于秋萤的诗句，固然是因为跟秋天相关的意境可能更易感动诗人，但秋天（尤其是初秋至中秋这段时间）萤火虫并不少见，这一点也是事实。

其实，秋天有萤火虫是很正常的，在国内很多地方都可能见到，只不过夏天的萤火虫跟秋天的萤火虫可能在具体种类上有所不同。就拿我在宁波拍的萤火虫来说，夏季所见萤火虫的个体较小，发的光都是黄绿色的，以明暗不定、闪烁发光为主；而 10 月所见萤火虫，则个体较大，而且是持续发绿光。一个朋友说，2017 年 11 月初，她在宁波还见到过极少量的萤火虫。

我在付新华所著的书中看到，在湖北有分布的一种被列为“窗萤属”的萤火虫，也是在 10 月进行求偶繁殖，晚上持续发绿光，相关特性跟我秋季在宁波见到的

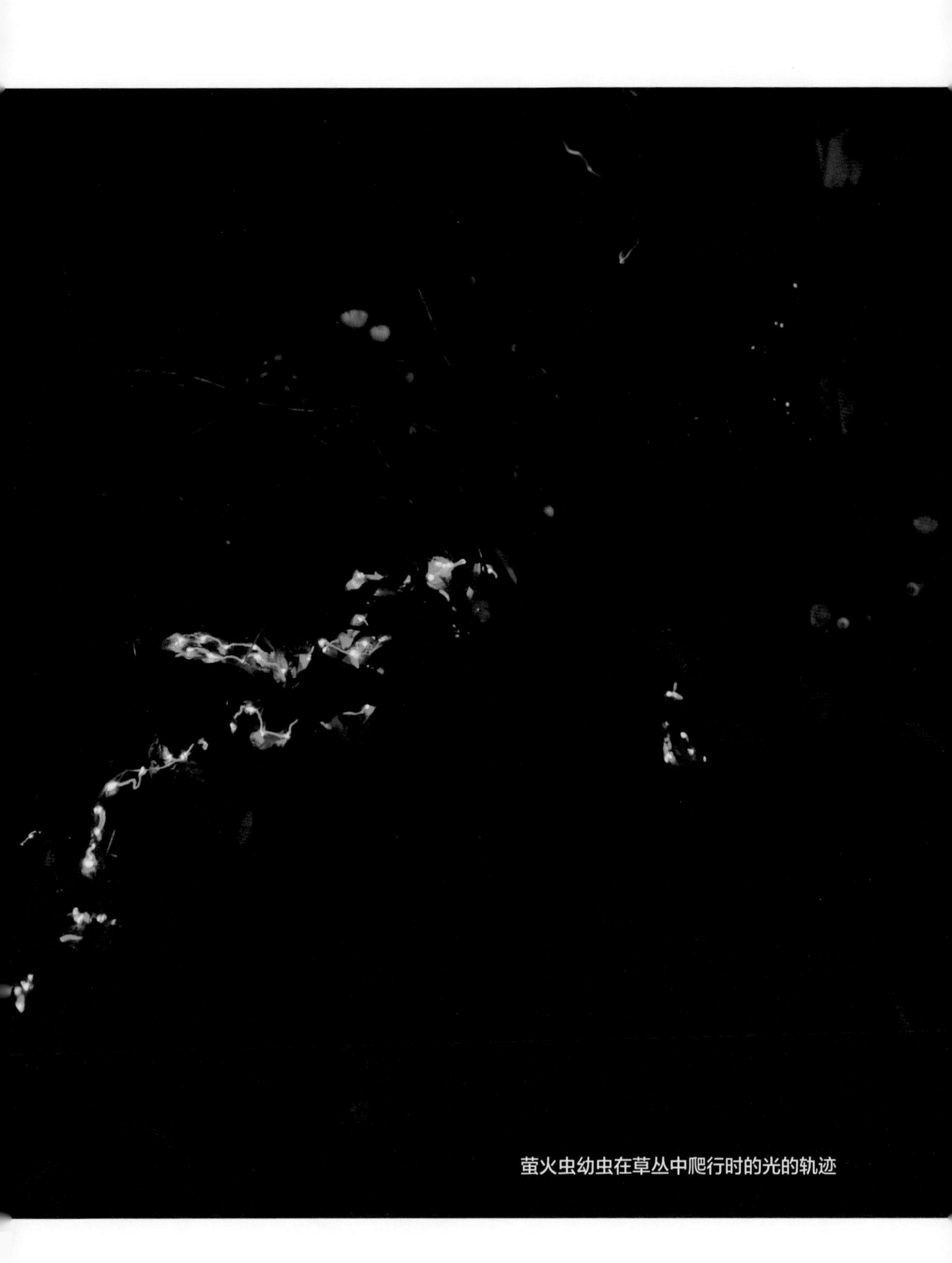
萤火虫幼虫在草丛中爬行时的光的轨迹

萤火虫非常相似。

不管哪一种萤火虫，其暗夜流光之美，毕竟让人叹赏。因此，萤火虫在中国古诗中的意象，除了体现为“荒、寂、湿、凉”四字，还必须再加上一个字：“美”。

初唐的虞世南有一首题为《咏萤》的诗：

> 的历流光小，飘飖弱翅轻。恐畏无人识，独自暗中明。

这首小诗不仅写出了萤火虫的轻灵之美，而且赋予它不甘埋没于夜色之中，而坚持“独自暗中明”的个性。

晚唐诗人周繇也有一首《咏萤》：

> 熠熠与娟娟，池塘竹树边。乱飞同曳火，成聚却无烟。
> 微雨洒不灭，轻风吹欲燃。旧曾书案上，频把作囊悬。

这首诗点出了萤火虫的典型栖息环境（“池塘竹树边”），也把它们群飞闪烁求偶的特性描述得很形象。最后两句，用的是大家熟悉的晋代车胤“囊萤夜读”的典故。车胤自幼好学，家贫，常无油点灯，无奈捕捉大量萤火虫放入囊中，为读书照明。

再看另外一位晚唐诗人罗邺的《萤二首·其一》：

> 水殿清风玉户开，飞光千点去还来。
> 无风无月长门夜，偏到阶前点绿苔。

与前面两首咏萤诗相比，这首诗气象开阔，而且“点绿苔”三字更让人感受到萤光相映的色彩之美。

好了，不再举例了，因为实在举不完。

到了当代，随着以湿地为代表的萤火虫栖息地环境的破坏，人们想要欣赏到这种提着“小灯笼”的飞虫的浪漫之美，已经越来越难了。于是，一些无良商家为了营造“萤火虫之夜”以赚钱，竟不惜在野外大量捕捉萤火虫，然后拿到城市公园中放飞，结果在次日势必造成虫尸遍地的可悲场景。这种做法，受到广大热爱自然与环保的人士的强烈抵制。

说起来，这种人造的“萤火虫之夜”，其始作俑者，最著名的当属隋炀帝。据《隋书・炀帝纪》载，这位喜欢逸游的皇帝曾“于景华宫征求萤火，得数斛，夜出游山放之，光遍岩谷”。意思是说，隋炀帝为了欣赏流萤飞舞的美景，把附近的萤火虫都抓光了。

唐代李商隐的七言律诗《隋宫》，第三联所说“于今腐草无萤火”，用的就是这个典故。全诗吊古喻今，希望统治者不要学隋炀帝骄奢淫逸以致亡国：

紫泉宫殿锁烟霞，欲取芜城作帝家。

玉玺不缘归日角，锦帆应是到天涯。

于今腐草无萤火，终古垂杨有暮鸦。

地下若逢陈后主，岂宜重问后庭花？

无独有偶，唐朝杜牧《扬州三首・其二》中也有“秋风放萤苑，春草斗鸡台”之句，说的也是隋炀帝的荒唐事。

以上，拉拉扯扯说了那么多关于萤火虫与古典诗歌的故事，也该收尾了。仔细想来，数千年间，朝代更替，世事变幻，人生如梦，亦如萤火之明灭……每念至此，不禁感慨系之矣。

忽然又想起清代诗人查慎行的《舟夜书所见》：

月黑见渔灯，孤光一点萤。微微风簇浪，散作满河星。

看，暗夜河上一点孤光，也可散作无数晶晶亮的小星星，真美。愿这闪闪微光，不仅愉悦我们的眼，更能点亮我们的心。

有所不知“刺儿球”

我小时候，虽然一向成绩不错，但有个缺点，就是爱睡懒觉，为此还出过一次洋相——有一天，本来是我加入少先队的日子，可要命的是，那天早上我又迟到了。于是，我眼睁睁地看着别的小朋友都戴上了红领巾，唯有我一个人被老师批评，“暂缓”成为少先队员。成年后，我依旧觉得自己需要的睡眠时间似乎超过常人，天冷的时候更是“冬眠不觉晓”……

不好意思，一不小心扯远了。因为爱睡觉，某个冬日的早上，我在被窝里突然想：在宁波，除了蛙、蛇等两栖爬行动物，还有什么动物是冬眠的？

想到了刺猬，因为我从未在冬天见过它们。

爱打呼噜的小兽

“生在田野中，昼藏夜里行。背了一身刺，遇敌呈球形。”打一物。太简单了，谁都知道谜底是刺猬。

唐末，有位名叫李贞白的诗人，写过一首《咏刺猬》。这首短诗也很像一个谜面：“行似针毡动，卧若栗球圆。莫欺如此大，谁敢便行拳。”

夜间出来觅食的刺猬

我自幼在乡下长大，常见到刺猬。当年，我家院子里有一小块地，种着少量蔬菜，旁边还有个柴垛。有一次，父母就在柴垛旁发现了一只小刺猬，抓来给我们玩。这家伙应该出生没太久，比孩子的拳头大不了多少，体色偏白，不像成年的刺猬那样为棕色。后来，我甚至还养过刺猬，但没养活，它很快死了。印象中，刺猬的体味有点重，比较难闻。

不过，尽管常看到刺猬，但除了知道这小家伙浑身长刺，我以前对它的了解还真不多。至少，原先我是不敢信心十足地说知晓刺猬的冬眠习性的。我本来想，刺猬是一种小野兽，是哺乳动物呀，通常哺乳动物的体温是恒定的。直到最近查资料，才知道刺猬还真会冬眠——在宁波，会冬眠的哺乳动物还包括蝙蝠。而且，我还顺便学到了一个新名词——异温动物。异温动物的体温调节机制介乎变温动物（俗称“冷血动物”）和恒温动物之间：在活动期，采用恒温动物的调节机制，能将体温保持在合适水平；在冬眠期，可将体温降低，使之仅比环境温度略高一点。

翻专业书籍《中国兽类野外手册》才知道，在宁波有分布的刺猬，其规范的中文名应该叫“东北刺猬”（拉丁学名为 Erinaceus amurensis）。这种刺猬是中国最常见的刺猬，从东北到长江中下游，均有分布。它们的栖息环境多样，从湿地到山区，从乡野到城市，都可以安家。东北刺猬通常于 10 月进入蛰伏期，次年春天苏醒。

刺猬性格孤僻，胆小易惊，白天躲在隐蔽处休息，黄昏后比较活跃。有趣的是，刺猬睡觉时喜欢打呼噜，和人相似。我看到有个网友说：“刚才在院子里，我听见好像小猫叫的声音，用手机照着找了找，原来是个大刺猬，在拖把旁边睡觉呢……”

夜遇刺儿球

近几年，我经常到野外夜拍蛙、蛇等两栖爬行动物，路上常会碰到刺猬，有时是在溪流边，有时是在高山上。有一年夏天，我和朋友多次去横街镇的四明山区夜拍，在海拔 500 多米的高山竹林中，居然每次都会碰到刺猬。

我戴着头灯，拿着手电，趴下身来，观察一两米外的刺猬。刺猬是有尾巴的，但很短，在野外几乎看不到。它的脚也很短，行走时几乎看不清。刺猬的眼睛细小如豆，给人以鼠目寸光的感觉，不过它的鼻子倒是挺长，而且尖尖的——从这一特征可以知道，刺猬嗅觉灵敏。因此，如果光看脸部的话，你会觉得它像一只鬼鬼祟祟的老鼠。

只要轻轻一碰，这家伙立即缩作一团，变成一个土黄色的刺儿球。细看的话，会发现刺猬的棘刺有两种颜色：少数为白色，多数为棕色。其棘刺主要分布在头顶、背部、体侧与尾部，腹部与脸部没有刺。人只要走开几分钟，刺猬觉得没危险了，便会慢慢舒展身体，探出头来，继续行走觅食。

俗话说：“狗逮耗子，多管闲事。”我没见过狗抓老鼠，但亲眼看过狗啃刺猬。我的朋友老蔡，家住鄞州东吴镇的山脚。有一个夏夜，我去拜访他时，老远看到，一只黄狗在其家门口追逐一个圆圆的东西。走近了才看清，竟然是狗在抓刺猬。老蔡说，他家附近刺猬很多，狗一到晚上就兴奋，在附近菜地里到处找刺猬。

当晚，这狗又抓到一只刺猬。尽管可怜的刺猬缩紧身子全力防卫，但黄狗依旧不依不饶，先是用前爪翻动刺猬，试图让它肚皮朝天，最后干脆直接咬。我在一旁看得目瞪口呆。老蔡跟我说，这只狗很淘气，你看，它脸上有伤疤，就是抓刺猬弄伤的，但还是乐此不疲。狗其实不会吃刺猬，只是拿这刺儿球当皮球玩。

有一次夜拍，我注意到一只刺猬的尾部的刺上插着一只白色的小蘑菇。当时，我就想到了在童话书里看到过的描述，说刺猬爱吃瓜果，它会利用满身的棘刺，将五颜六色的番茄、苹果、黄瓜等背回家。小时候，

狗逮刺猬，多管闲事

我对此深信不疑。后来才知道，这些描述毫无根据，完全是一种自以为是的虚构。

《中国兽类野外手册》上说，东北刺猬“挖食地栖的无脊椎动物，尤其是苍蝇的幼虫”。刺猬食性很杂，主要以各种昆虫和软体动物为食，有时也捕食蛙类、蜥蜴等，饿极了的时候，甚至会跟蛇干一架。不过，瓜果等食品，极少出现在它的食谱上。它的刺，只是用来自卫的，并不会被用来收集和运输水果。

须如猬毛磔

我曾受邀到一所小学上自然课，特意跟孩子们提到了“刺猬是否会用刺运送瓜果”的问题。很多孩子说，他们在书上看到，刺猬会这么做。哎，当时我就想，那些不注重实际观察、光靠“合理想象”编造出来的童话书真是误人子弟！我年少时情况是这样，到现在 30 多年过去了，还是这样！

当然，如今好的绘本也有。有一本由英国人所著的名为《小刺猬的麻烦》的绘本，讲的故事是这样的：一个苹果从树上掉了下来，恰好落在准备冬眠的刺猬身上，这下小刺猬就很心烦，因为它如果摆脱不了苹果就钻不进洞里去了！这个故事很合理：鲜美的苹果不是刺猬的美餐，而是它背负的麻烦。

明朝李时珍的《本草纲目》中收录了一些古人对刺猬的描述，其中也有很离奇的说法："（刺猬）能跳入虎耳中，而见鹊便自仰腹受啄，物相制如此。"刺猬能制服老虎，但一见鹊（如喜鹊、红嘴蓝鹊等鸦科鸟类，生性凶猛）居然自动"仰腹受啄"，哪有这种事！

倒是古诗文中对于刺猬的描述准确一些。有个词叫"猬集"，用来比喻事情（通常指不好的事）繁多，且在时间段上也出现得比较集中——就像刺猬的硬刺那样集聚在一起。《唐诗三百首》里有一首李颀的《古意》：

> 男儿事长征，少小幽燕客。
> 赌胜马蹄下，由来轻七尺。
> 杀人莫敢前，须如猬毛磔。
> 黄云陇底白雪飞，未得报恩不能归。
> 辽东小妇年十五，惯弹琵琶解歌舞。
> 今为羌笛出塞声，使我三军泪如雨。

诗中，"须如猬毛磔"，就是形容猛士的胡须如刺猬的刺一般密集而且尖硬——大家可以想象一下张飞的形象。磔（音同"折"），有车裂（古时一种酷刑）的意思，这里是"张开"之意。

类似用法的古诗句还有一些，如："百蛮乱南方，群盗如猬起。"（唐·刘湾《云南曲》）"倚西风、胡尘涨野，隐忧如猬。"（宋·魏了

刺猬上的小螳螂

翁《贺新郎·家住峨山趾》）这里的“猬”，就是“多”的意思，跟“猬集”中的“猬”差不多。

而杜甫《前苦寒行二首·其一》诗中的“猬”字，用的是其本义。诗的前两句云：“汉时长安雪一丈，牛马毛寒缩如猬。”说的就是天气太冷，牛羊都如刺猬一般缩作一团了。

说了这么多，关于这个常见的“刺儿球”，我觉得自己还有很多东西不知道，如：刺猬到底是怎么冬眠的？繁殖期又是怎么求偶、带娃的？……真的很好奇。

夜遇豹猫

曾听一位资深“鸟人”说：“一兽抵百鸟。”意思是说，对我们这些喜欢拍鸟的人来说，能够在野外拍到野兽，抵得过拍到100种鸟。这话虽然说得有点过头，但确实说明，野生兽类是非常难得一见的——如果把松鼠、刺猬、黄鼠狼等常见兽类暂时撇开的话。

在宁波，如果想碰到野生猫科动物，并且当场拍摄下来，那真的是难上加难。但只要去野外的次数足够多，神奇的事情总会发生。对我来说，那个春末的晚上遇见豹猫的事，至今想来，仍觉得像是在做梦。

暗夜溪边，晶亮的眼

2013年5月12日晚上7点多，我独自驱车，从市区来到位于龙观乡的某条溪流的上游。找地方停好车后，我换上高帮雨靴，戴上头灯，拿好高亮手电，给数码单反装好闪光灯……一切按常规准备就绪，就往溪边走。

无论是白天还是晚上，这段溪流我都来过好多次，在潺潺流水中漫步，于夏夜仰望星空，拍过野花、豆娘与红尾水鸲，遇到过刺猬，知道各种蛙类的出没地段，也常碰到竹叶青、乌华游蛇等蛇类……我熟悉每一块巨石、每一个深坑、每一棵大树，总之，熟得不能再熟了。在这温暖的 5 月的晚上，除了与溪流中的老朋友们见个面，放松一下心情，我原本并无所求。

然而，我突然见到了一双亮晶晶的眼睛，就在这悄无人声的山林峡谷的暗夜里，就在十多米宽的缓缓流淌的溪流的对岸。这双眼睛发出亮闪闪的幽幽的光，直视着我。我顿时惊呆了，不知道那是什么，也不知道它在干什么。等我回过神来，举起镜头时，这只小野兽似乎也才反应过来，随即离开溪畔，转身往山上走。借助头灯的光亮，我大致看清了，那是一只像猫一样的动物。

我遇到了野生猫科动物？这个念头几乎让我浑身颤抖。我用手电光锁定它的踪迹，举起镜头就拍。天可怜见，我的相机上装的不是拍鸟的长焦镜头，而是一支仅 100 毫米焦距的微距镜头啊。这种镜头并不适合对远处的物体快速对焦，更何况是在晚上。结果，由于没法合焦，我连快门都按不下去。我急得直冒汗，突然又想起曝光参数设置不对（我预设的是适合近距离拍蛙的参数），于是赶紧手忙脚乱地开大光圈、调高 ISO（感光度），重新举起相机。

万幸啊，这只小野兽居然没有趁我忙乱的时候迅速逃跑，只见它几步一回头，似乎对我这个不速之客非常好奇。后来，它走到二三十米开外一块大石头上的灌木丛后面，只露出一双晶亮的眼睛，观察我的动静。这个时候，我终于按下了

一只好奇的豹猫

快门，但闪光灯发出的光也终于把它吓跑了。

回放照片，果然是一种猫科动物。当时我就想：这会不会只是一只野化的家猫？我不至于运气好到拍到豹猫吧？

那天晚上，我再也没有拍其他东西的心思，破天荒早早回家了。把图片处理出来后，我将其发到微博上，向国内的专家请教。很快，有专业人士回复我，这确实是一只豹猫，看样子是一只未成年的小家伙。

取彼狐狸，为公子裘

虽说专家帮我确认了是豹猫，但说实话，我并不能光靠脸部区分家猫与豹猫，也曾翻书、上网找资料，但总不得要领。而且，自从拍到豹猫后，我再去夜拍，总有点疑神疑鬼，“妄想”能再次拍到它。有一个夏天的傍晚，天将黑未黑的时候，在余姚大隐镇的山区溪流的下游，靠近村庄的地方，我见到一只猫在草丛中出没，其额头上有几道纵纹，跟豹猫相似，赶紧拍了下来，又去问专家。结果专家笑了，说这是一只家猫。

还有一次，我和李超一起到奉化棠云的深山中夜拍，沿着溪流走得很远，偶然用手电往山坡竹林中一照，赫然看到，一双蓝幽幽的眼睛在竹林深处闪着光，仿佛在凝视着我们。那一瞬间，我仿佛被施了魔法，心里明明涌起一阵恐惧，却移不开眼睛。定定神，大着胆子往山坡上走了几步，发现那双眼睛忽左忽右，似乎也在移动，像是在一棵树上。猫头鹰？豹猫？猜不准。等我们鼓起勇气往山坡上爬的时候，这双眼睛却突然神秘地消失了。

以上都是我在野外的相关经历。直到最近在2018年第一期《博物》杂志上看到关于“中国小猫”（指在中国有分布的中小型野生猫科动物）的专题介绍，我才弄明白了豹猫与家猫的特征区别所在：除斑纹不同外，家猫的尾巴细长，耳朵为三角形；豹猫的尾巴蓬松粗大，耳朵是圆弧形，额头两侧有明显的纵向黑白条纹。我赶紧找出2013年5月拍到的豹猫照片，果然，这家伙的耳朵比较圆。

豹猫是中国体形最小的野生猫科动物，身上斑纹如豹，故名豹猫。据《中国兽类野外手册》描述，豹猫也被称为“铜钱猫”，因为其身上的斑点也很像铜钱。豹猫跟家猫差不多大，但身子显得更纤细，腿也更长。其南方亚种的毛色基调是淡褐色或浅黄色，而北方亚种的毛基色显得更灰且周身有深色斑点。

在中国古代，小型野生猫科动物被称为“狸”。《国风·豳风·七月》中说：“一之日于貉，取彼狐狸，为公子裘。”这里的“狐狸”指的是两种动物：狐与狸。诗中说，猎取狐与狸的毛皮，为公子做皮袍。到了现代，豹猫皮还被称为狸子皮，被用于制作大衣、皮领、手套等。

顺便说一下，我们习惯把狐叫作狐狸，其实狐和狸是两种动物。《尔雅翼》说：“狐口锐而尾大，狸口方而身文（注：即‘纹’），黄黑彬彬，盖次于豹。”又说：“狸，善博者焉，为小步以拟度焉，有发必获，谓之狸步。”这里把狸的特性描述得很生动。

豹猫是我国最多见的“狸”，从东北到海南，从华东到西部，只要有森林的地方几乎都有这种动物。它们喜欢在夜间独自活动，善于攀爬和游泳，捕食小型脊椎动物，如蛙、鸟、老鼠、野兔、鱼类等。然而，不幸的是，正由于豹猫皮毛好看、数量相对较多，自古以来它们屡遭捕猎，迄今仍是中国被偷猎最多的野生猫科动物。

虎豹往事，一声叹息

豹猫在宁波还能偶尔见到踪迹，但其他野生猫科动物就没这么幸运了。历史上，在宁波有分布的野生猫科动物有 4 种，即华南虎、豹、云豹和豹猫，但虎与豹早已绝迹多年，云豹也是岌岌可危。

记得我刚到《宁波晚报》做记者的时候，大概是 1999 年下半年或 2000 年的某一天吧，我听姚江动物园的通讯员说，他们接收了一只来自三门县（属于台州，跟宁波的宁海县交界）山区的奄奄一息的云豹，是台州的森林公安部门送来的。据说这是一只未成年的云豹，从高处摔下来受伤了，而且身体内有很多寄生虫。很可惜，这只小云豹没有被救活。这是这么多年来我所了解到的最确切的、离宁波最近的云豹记录，其实也是唯一的记录。多年前，宁波林业部门专门设立了宁海茶山云豹保护区，但云豹这种大型猫科动物在宁波究竟还有多少，谁也说不清楚，总之情况非常不乐观。

说起老虎与豹，那就真的永远只是往事了。2010年12月4日，《宁波日报》的《四明笔谭》版面刊登了一篇《宁波的华南虎故事》，作者署名是叶龙虎。此文引用地方史志，对宁波地区曾经发生过的“虎患”作了梳理。如雍正《宁波府志》说：“（康熙）十九年（1680年）、二十二年，五县虎大横，白昼食人。二十二年，鄞西乡有白鹤山、望春山，山下皆有庙，山多虎患。”光绪《慈溪县志》也有记载：“（嘉靖）三十六年（1557年），慈溪四乡多虎，白昼啮人。”作者还说，甚至地处半山区的余姚二六市老街也闯入过老虎：“自幼住街上的阿五嬷嬷在世时曾说过，她七岁那年（1922年）的一个黄昏，店里打烊正上排门，有人喊老虎来了，店伙计以为玩笑不作理会，猛抬头已见老虎窜到门口。阿五嬷嬷的小哥阿四的腿被咬了一口，这时满街响起锣声，老虎才没有继续攻击，惊恐地向北山窜去。”

这篇文章提到，在清朝与民国时期，老虎“白昼啮人”，甚至冒险闯入街市觅食。这些令人毛骨悚然的故事，用现代的眼光来看，其实说明了在那个时候，人与老虎的栖息地之争已经到了白热化的程度。老虎需要极大的森林面积，才能获得足够的猎物，得以生存繁衍，但人类活动空间的不断拓展，已经把老虎逼入了绝境。就算没有后来的专门的打虎行动，老虎的绝迹也是迟早的事。

只有豹猫，尽管整体种群数量已大不如前（《中国物种红色名录》已将其定级为“易危”，如果数量再少下去，那就是“濒危”），但不管怎么说，毕竟还在多数栖息地顽强地生存着。这主要得益于豹猫的捕猎对象在森林中的数量还算多，再说小个子也吃不了太多东西，因此不需要特别大的生存空间。

包括野生猫科动物在内的食肉兽类，处在食物链的最顶层，它们的数量之多寡，直接说明了一座森林的生物存量是丰盈还是贫瘠，其状态是健康强大还是伤疲脆弱。如果有一天，豹猫，乃至云豹，在本地能安然繁衍，扩大种群数量，那么我们的森林会更加葱绿富饶，我们的乡村，我们的城市，也会更美。

金蝉夜脱壳

三国时期，诸葛亮与司马懿对阵，病逝于五丈原，于是蜀军撤退。司马懿派兵追击，但诸葛亮事先命人做了一个他自己的木雕，等到追兵赶来，姜维就把那个载有木雕的四轮车推出来。司马懿以为诸葛亮没死，吓得马上退兵。这就是有名的“死诸葛吓走活司马”，同时也是“金蝉脱壳”之计的经典事例。

金蝉脱壳，原为兵法上的三十六计之一，意思是利用假象迷惑敌方，使自己及时脱身而不被发觉。当然，这里我们不谈用兵或处世的诡计，只说说大自然中真正的“金蝉脱壳”及相关的故事，那过程也很精彩呢！

童年捕蝉记

在揭开“金蝉脱壳”的秘密之前，先花点笔墨，聊聊我童年时捕蝉的趣事。

“牧童骑黄牛，歌声振林樾。意欲捕鸣蝉，忽然闭口立。”这首题为《所见》的小诗，为清代诗人袁枚所作，非常形象地描写了孩子捕蝉时既快乐又紧张的心情。这种心情，我也体会过。

正在鸣唱的蒙古寒蝉

暑假开始后，对小时候的我来说，最开心的事，莫过于捕蝉。我把一个小网兜绑在长长的竹竿上，便扛着竹竿雄赳赳气昂昂地出发，在村子里乱转，循着响亮的蝉鸣，仰头寻找正在树上大声歌唱的蝉——那是雄蝉在求偶呢，雌蝉是不会唱的。雄蝉的腹部有鼓膜发音器，可以通过收缩运动发声。

一旦找到蝉，我就屏声静气地走到树下，小心翼翼地举起网兜，从它的背后猛然一扣，多数情况下，这只蝉就落入了网中。顿时，欢乐的歌声变成阵阵慌乱急促的抖翅声。

如果失手，蝉在逃脱的瞬间，常会拉一泡尿下来，运气不好的话，就会滴到我的脸上或手上。大人为了阻止小孩子一天到晚捕蝉，便吓唬我们说："这尿有毒，滴到皮肤上的话，会生毒疮的！"我还真的很怕这个，故每次"中招"，都赶紧到河边洗去蝉的尿液。后来才知道，蝉逃跑时"吓尿"，乃是为了减轻体重便于迅速飞离而采取的本能行为。

整个暑假，我都忙于捕蝉，抓住蝉之后，要么在它身上系上细绳以放飞玩乐，要么将蝉扯去翅膀喂蚂蚁，整天乐此不疲。太公看不惯我如此顽劣，就数落我父母说："海华每天就知道捉'无知鸟'，捉那么多回家烧菜吃吗?！你们也不管管。"父母听了也就笑笑，并不为此约束我。

太公说的"无知鸟"（"鸟"字在方言中发音为"吊"），就是我老家一种常见蝉的俗名。

"无知鸟"与"老前"

我小时候，只知道家乡的几种蝉的方言俗名，直到最近几年关注博物学，才了解了它们的大名。无论在华北还是在江南，最容易见到的蝉，主要有3种：蒙古寒蝉、黑蚱蝉和蟪蛄。

在我老家浙江海宁，所谓"无知鸟"，就是指蒙古寒蝉，因为其雄蝉的鸣声就是持续的"无知鸟！无知鸟！"。当然，简省的说法，也就是大家常说的"知了"。其鸣叫的音调比较多变，时高时低，节奏时急时缓。蒙古寒蝉由于鸣叫声独特，在全国各地有各种各样的俗名。据说北京人就叫它为"伏天儿"，也很形象。蒙古寒蝉体长3厘米左右，背部以绿色为主，杂以黑斑。这是一种很警觉的蝉。当人接近时，它先是停止鸣叫，然后还会绕着树干"躲猫猫"。

黑蚱蝉体长可达四五厘米，是三种常见蝉

黑蚱蝉

刚完成脱壳的蟪蛄

中体形最大的，体色几乎全黑。它的叫声要单调很多，有人说，那是一种“持续的强大的电锯噪音般的”声音。因此，在我老家，它的俗名就叫“老前”，这里的“前”是象声词，意思就是说它只会无休无止地“前前”叫。黑蚱蝉最喜欢“大合唱”，有时一棵树上就有好多只一起唱，气势虽然不小，但真的也太吵了一点。

蟪蛄则是三种常见蝉中最小的，体长才 2 厘米多一点，体色以黄绿为底，饰以黑纹。其雄蝉常发出“滋，滋……”的鸣声，也有人打趣说，它的叫声像是“吃，吃，吃”，好像它老是吃不饱似的。蟪蛄个子小，鸣唱声也比前面两种蝉轻很多。

上述三种蝉之中，蒙古寒蝉的鸣唱期是最长的，甚至到 9 月底 10 月初,还可听到个别蝉在鸣唱。北宋词人柳永说“寒蝉凄切,对长亭晚，骤雨初歇”，估计说的就是蒙古寒蝉吧。

但不管怎么说，基本上夏天一结束，作为成虫的蝉的生命也就到头了。“朝菌不知晦朔，蟪蛄不知春秋。”（《庄子·逍遥游》）这里说的“蟪蛄”，倒不一定就等同于现代所说的蟪蛄，而是说蝉的生命短暂，只知夏日，不知春秋。

夜观“金蝉脱壳”

童年时我见到过无数的蝉蜕，但由于不曾夜观，竟从未见过“金蝉脱壳”的场景。直到近 40 岁时，才“老夫聊发少年狂”，买了高亮手电与头灯，开始探索夜晚的自然世界。2012 年夏天的一个晚上，我和李超一起到鸟友“竹子山”的山居去玩。山居位于横街镇的四明山顶上，夏夜甚是凉爽。我们拿着相机，沿着山路随意走，忽然走在前面的李超说：“快过来，有好东西！”我和“竹子山”过去一看，哇，一只蒙古寒蝉正钻出它的壳呢！

我还是第一次目睹这场景，非常兴奋，赶紧蹲下来拍照。蝉的外

蒙古寒蝉脱壳

壳上有不少新鲜的泥点，显然幼虫刚从泥洞里钻出来没多久呢。在地下待了多年的幼虫来到地面后，选择一根树枝，脚爪紧紧抓住，然后开始破壳而出的艰难过程。壳的背部开裂了，蝉的头部先从那里出来，接着，绿色的身体、皱巴巴的翅膀、后腿也逐渐出来，最后只留尾部还在壳内。然后，按照法布尔在其伟大的《昆虫记》里非常形象的说法，它好像在“表演一种奇怪的体操”。这温润如碧玉的柔弱的小家伙，身体慢慢翻转，使头部倒悬于下。它的皱成一团的翅膀开始以极慢的速度伸展开来，直至完全舒展成形，这时，翅膀呈现出一种极为美丽的蓝色。与此同时，原本蜷缩的足也开始在空中轻轻挥舞。

然后，它仿佛在做“仰卧起坐”一般，再次尽力翻转身体，这次是让头部重新回到上方，然后抽出留在壳内的尾部，用娇嫩的爪子抓住自己的壳，吊挂在那里。就这样，它要静静地吊挂在那里好几个小时，让翅膀慢慢变硬，等那美丽的蓝色逐渐褪去，变成褐色。

绝大部分蝉选择在晚上完成这一华丽蜕变的过程。此时，是蝉的一生中最脆弱的时候，万一被鸟儿等天敌发现，就只能束手待毙。因此，它们只好在夜色的掩护下完成这一过程。当清晨温热的阳光照到它的

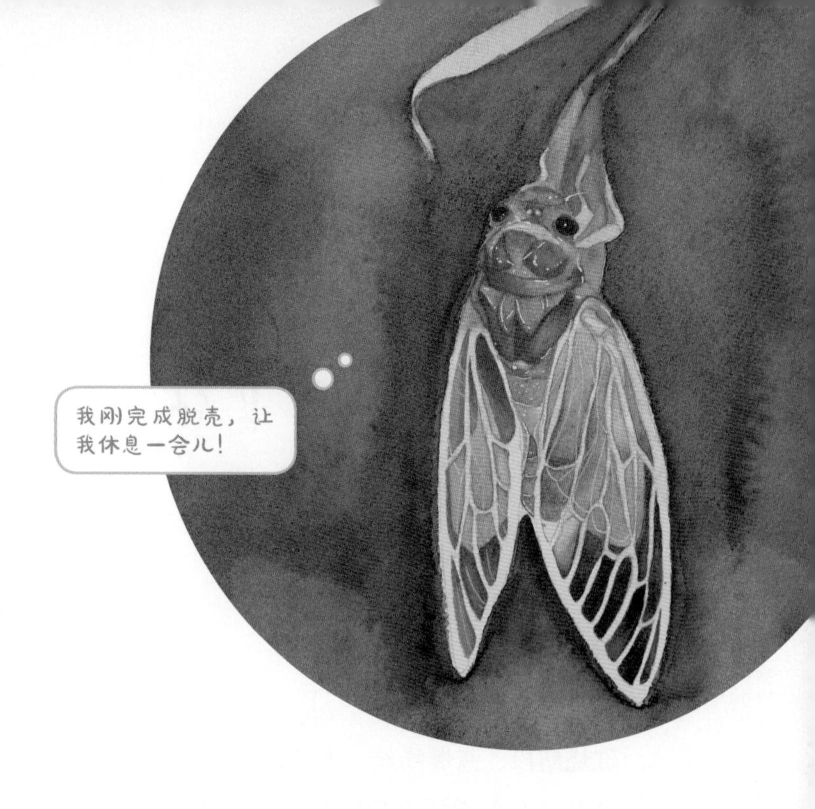

身上，晒干露水，它就已经足够强壮，可以振翅飞往高枝了。

从此，林中开始响起阵阵蝉鸣。古往今来，这鸣声不知触动了多少诗人的心！

> 蝉噪林逾静，鸟鸣山更幽。（南北朝·王籍《入若耶溪》）
> 西陆蝉声唱，南冠客思侵。（唐·骆宾王《在狱咏蝉》）
> 绿槐高柳咽新蝉。（宋·苏轼《阮郎归·初夏》）
> 明月别枝惊鹊，清风半夜鸣蝉。（宋·辛弃疾《西江月·夜行黄沙道中》）
> 落日无情最有情，遍催万树暮蝉鸣。（宋·杨万里《初秋行圃》）

又有几人曾亲眼看过，蝉鸣的背后那许多艰辛的付出！所以，诚如法布尔所言：“四年黑暗中的苦工，一个月阳光下的享乐，这就是蝉的生活。我们不应当讨厌它那喧嚣的歌声，因为它掘土四年，现在才能够穿起漂亮的衣服，长起与飞鸟可以匹敌的翅膀，沐浴在温暖的阳光中。什么样的钹声能响亮到足以歌颂它那得来不易的刹那欢愉呢？”

童年、黄鳝及其他

红烧鳝段、酱爆鳝丝、大蒜烧黄鳝……说真的，当写下这一串关于黄鳝的美味菜肴的名称的时候，我已经感受到口水正在嘴里酝酿。俗话说“小暑黄鳝赛人参”，每年盛夏，就是黄鳝最肥美的时候。

现在的孩子们，想必大多吃过这些菜，但估计极少有人真的在户外见到过野生黄鳝。回想自己小时候，跟黄鳝打交道的经历可谓数不胜数，尤其是夏夜打手电到田野里找黄鳝的事儿，更让人难忘。跟白天逮知了一样，夜巡田野抓黄鳝、捉螃蟹，乃是我童年时代暑期生活的重要部分。

忽然想到，近几年我那么喜欢夜探自然，很可能跟孩提时代的经历有关呢！

很不像鱼的一种鱼

黄鳝是一种什么动物？

它当然不是蛇，那么是鱼，还是就叫鳝？

真的难为情，我也是最近才弄清楚，原来黄鳝是一种鱼！虽然它长得一点都不像鱼，但确确实实是鱼，属于合鳃鱼科。黄鳝身体如蛇形，前半部分比较圆，越到后面越显得侧扁。它们喜欢生活在稻田、小河、池塘、沟渠等环境的富有淤泥的水底层，在国内分布很广。

对于黄鳝，我自幼就非常熟悉。当初，我家老房子前面，有一条小水沟，沟的一端连着井台。我们在井边洗菜、洗衣所用的水，最终都会流入这条沟。沟的另一端，则通往东边的水稻田。这条沟里，就有黄鳝，夏天的晚上，若用手电去照，常能看到它们在泥洞附近或从石缝里探出个头。至于外面的田野，黄鳝就更多了。我家处在江南水乡，河网密布、池塘众多、阡陌交错、水渠纵横，自然是黄鳝栖息的好地方。小时候常见大人去田里钓黄鳝，钓具通常是一根比较粗的铁丝，一端磨尖，并弯成钩，然后在铁钩上装一根大蚯蚓，将钩送入黄鳝洞试探即可。也有的人，是买现成的比较粗大的鱼钩，将钩连着细绳，照样装蚯蚓，然后用一根小木棍送入洞中。

钓黄鳝的一般是本地人，属于小打小闹，还有成规模抓黄鳝的——

黄鳝，是一种鱼，属于合鳃鱼科

据我妈说，他们都是“江北人”，即来自江苏北部的人。他们乘船而来，船中装满了“黄鳝篓”——这是一种用竹子编成的诱捕黄鳝的工具，呈“L”形，比成人手臂略粗，中空，里面用竹签之类插着蚯蚓；篓的一端有盖，另一端有入口，但同时有倒刺，黄鳝进来了就出不去。通常是在插秧时节，“江北人”来到我们这里，上岸后就用一根长竹竿挑着很多黄鳝篓，走在田埂上，找到黄鳝洞后就将篓的留有入口的那一端对着洞口，将黄鳝篓安放在水田里。夜间黄鳝出来觅食，一旦钻入篓中，就出不来了。次日，他们会再来，逐个收回，发现里面有黄鳝的，只要打开后盖一倒，活蹦乱跳的黄鳝就到手了。

到了深秋与冬天，黄鳝又表现出不同于普通鱼类的特性。那时天气寒凉，水稻田里也不再有积水，就连沟渠里的水都很少，黄鳝便钻入湿润的泥土深处躲起来。我爸说，有一年 11 月，正值收割晚稻的时候，他原本在田里忙着“打稻”（即脱粒），忽然看到有人在我家田里用铁锹掘泥，不久便挖到好几条黄鳝。我爸心头一热，放下稻穗也挖黄鳝去了，结果把当天的劳作进度都耽搁了。

童年夜巡记

看大人们抓黄鳝，我也手痒，曾模仿着弄了一套工具，去钓黄鳝。由于不善于寻找黄鳝洞，更不会判断洞中有无黄鳝，因此我的成功率很低。但至今依然清楚记得，我曾经钓到过一次。那回，我刚把铁钩送入水田边的泥洞中，就感受到一股强劲的力量从洞里传来——黄鳝咬钩了，正死命吞咬呢！我顿时大喜，激动得小心脏怦怦乱跳，赶紧轻轻一拉绳子，感觉黄鳝往后缩的力气更大了，仿佛在跟我拔河似的。我再用力一拉，好家伙，一条不小的黄鳝被我拖出来了！

黄鳝是夜行性动物，白天通常在多腐殖质的淤泥中钻洞或在岸边有水的石隙中穴居，夜间出来觅食。因此村里人也有夜抓黄鳝的。他

黄鳝体色有的偏黄，有的偏黑，这一条像是“金鳝”

们打着手电，拿着用竹片做的一种类似长柄钳子一样的工具，在田边沟畔到处转悠，一见到在外面觅食的黄鳝，就用这“竹钳”猛地一夹。也有的男子很厉害，居然靠三根手指（食指、中指和无名指，最发力的是中指）也能“快、准、狠”地入水夹住黄鳝的“七寸”（大致在颈部后边一点的位置）将其拎上来。我们小孩子没这么大的手劲，我曾经尝试用这一“三指神功”去夹在脸盆中的黄鳝，从未成功过。黄鳝无鳞，体表还有一层光滑的黏膜，再加上挣扎起来力气奇大，因此一般人很难空手将其制服。

尽管抓黄鳝的本领不行，但这丝毫不影响我夜巡田野找黄鳝的兴趣。记得小时候村里常放露天电影，就在村中的露天水泥场上。而这个水泥场的附近就有一条用于灌溉输水的大沟渠。不像现在很多农村的沟都用水泥硬化了，那时候沟都是泥岸，两边多杂草，沟底是淤泥和碎石碎瓦，故水生动物不少。每当要放电影的消息传来，我就特别兴奋，因为可以借机名正言顺地晚上出门去逛了，父母没有理由阻拦我。

其实，多数时候，我没有太多兴趣看电影。到了那里，一开始是和小伙伴们疯玩，等天完全黑下来后就拿着手电沿着沟走，仔细搜索夜间出来的小动物：小鱼、泥鳅、螃蟹（不是大闸蟹这样的大个子，而是被我们称为“石蟹”的一种小蟹）、黄鳝等。石蟹常出现在水中的石块边上，我得非常小心地走过去，眼疾手快才能抓住它，否则只要稍稍一动，它就钻入石头底下或附近的洞里了。至于黄鳝，常能看到它在水面上笔直地露出一个脑袋，静静地呼吸空气（黄鳝的口腔皮褶可进行呼吸作用）。要抓到它几乎是不可能的，通常还没等我靠近，它便悄无声息地一缩身子，马上就消失在沟底的淤泥中了。

亲子夜探遇黄鳝

小时候，我家常买黄鳝吃，当然那都是家乡的野生黄鳝，味道太鲜美了。我尤其爱吃爸爸做的红烧鳝段，他在锅中加几瓣大蒜，用小火慢慢炖，直到大蒜变软甚至变烂，而鳝段熟到肉几乎与骨头分离——黄鳝的全身只有一根三棱刺，刺少肉厚，绝对不会像普通鱼刺一样卡喉咙。

上面絮絮叨叨讲了这么多，无非是想说明我跟黄鳝的“交情”很深。不过，工作以后，除了在菜场里见到黄鳝，哪怕是在野外夜拍，我也很少见到黄鳝。没想到，2018 年夏天带孩子们及其父母夜探日湖公园时，居然看到了久违的野生黄鳝。那天，大家原本一直在园中的小型湿地内观察蛙类，忽然不知道是谁大喊了一声：“快看！黄鳝，很大的一条黄鳝！”我过去一瞧，真的，好大一条！在高亮手电的聚光下，只见这条黄鳝的色泽特别金黄，简直可以说是一条“金鳝”。它的尾部还有耸起的尾鳍，金色的，非常明显。所谓黄鳝，其体色以黄褐色为主，但身上有很多小黑斑。不同生活环境中的黄鳝体色变异较大，我小时候见过明显偏黑色的黄鳝。

“哇，又一条！”一个孩子大叫起来。果然，就在离第一条黄鳝约两米远的地方，还有一条，比刚才那条略小一点。这一条很警觉，马上身体一扭，就消失在跨过水塘的走廊底下。但第一条还在原处，甚至过了一会儿还将头探出水面来呼吸新鲜空气。这下不仅孩子们很激动，连年轻的父母们都挤进来仔细观察。我拍下照片，放大了给大家看。好几个人说，从来没有见过野生状态下的黄鳝，这次算是开眼界了。还有的孩子说，黄鳝头这么大，没想到眼睛这么小，几乎看不见。

孩子们七嘴八舌，讨论得不亦乐乎。看到大家兴奋的样子，我不禁心生感慨：我喜欢夜探，原本是为了满足自己从童年以来一直有的对乡野间小动物的好奇心，而如今，夜探自然忽然成了一件很时尚的事情，我有幸能带着现在的孩子们，去满足他们探索自然的好奇心。这种感觉很奇妙。

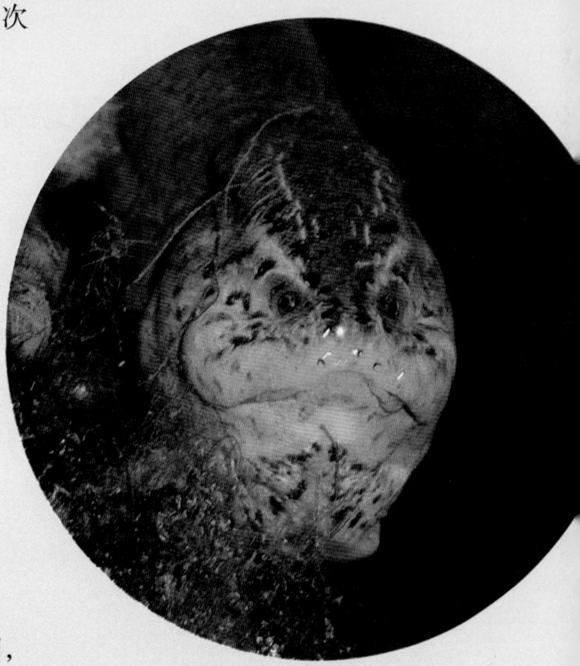

将头露出水面呼吸的黄鳝，可见它的眼睛很小

夜行杂记

夜渐深，城市与村庄都慢慢地安静下来，人们都要休息了。而这时，山中的溪流边、草丛中、竹林内，反而更加热闹了。很多在白天蛰伏的小动物开始活跃起来，在浓黑的夜色中游走、觅食、鸣唱……

近几年，我的夜探自然活动，以寻找、拍摄本地的蛙类、蛇类为主，但在夜行过程中，自然而然也顺便拍了昆虫等其他动物的照片。这些照片中的场景，在白天难得一见，而且也有很多有趣的故事，因此一并写出来分享给大家。这些故事因难以归类，故偷懒名之曰“夜行杂记”。

羽化飞升

前面讲过金蝉脱壳的故事，其实，春末至盛夏这段时间，晚上去野外的话，可以看到各种昆虫的美丽的羽化过程，其中最常见的，除了蝉，还有蜻蜓、螽斯等。它们的稚虫或若虫会趁着夜色爬上树枝或草叶，上演“灰姑娘变公主”的好戏。

先来说说什么叫“羽化”。昆虫的蛹或若虫完成发育后，虫体蜕去蛹壳或若虫蜕去最后一次皮而为成虫，这一现象叫羽化。古人云“木蠹生虫，羽化为蝶”（晋·干宝《搜神记》），说的就是这个意思。羽化

的另一个意思，就是道家所说的“羽化登仙”。如苏东坡的《前赤壁赋》中说：“飘飘乎如遗世独立，羽化而登仙。”

蜻蜓的稚虫名叫“水虿（chài）”，在水里生活。春末夏初的晚上，水虿爬到岸边的石头上或植物的枝叶上，完成羽化过程。而螽斯的羽化过程，在路边的草丛中就能观察到。这些羽化过程与“金蝉脱壳”的过程大同小异，故这里不再详述。

蜻蜓羽化

螽斯羽化

草丛演奏家

天色黑了下来，“万树暮蝉鸣”也终于逐渐消歇了。不过，草丛里却传来“吱吱，唧唧”的鸣声，这不，夏夜鸣虫的音乐会开场了。这些“草丛演奏家”中最著名的，当属螽斯，俗称蝈蝈。

乍一看，螽斯与蝗虫长得很像，很多人搞不清它们的区别。仔细观察便知，蝗虫常披坚硬的“盔甲”，而多数螽斯的外壳要柔软得多；更明显的是，通常螽斯有着细长柔软的触角，而蝗虫的触角要短很多，而且相对比较粗。

“五月斯螽动股，六月莎鸡振羽，……十月蟋蟀入我床下。”（《国风·豳风·七月》）这里的“斯螽”就是指螽斯，而“莎鸡”是另外一种著名鸣虫，即纺织娘。古人认为，螽斯以两股相切发声，故说“动股”。实际上，螽斯发出鸣声，不是因为两腿摩擦，而是靠雄虫的一对覆翅的相互摩擦。不同种类的螽斯发声频率不一样，故鸣声也不一样，但通常都很有金属质感。

“喷水”的飞蛾

大家都知道“飞蛾扑火”这个成语，其意思是“自取灭亡”。飞蛾趋光，乃是它们的本能，自不待言，而有趣的是，我在夏夜溯溪时，还常会看到“飞蛾喷水”的场景，这又是怎么回事呢？

溪水潺潺，有时撞击到石头上水花四溅，有时只是在平整的石头表面缓缓流淌。飞蛾就喜欢停栖在水流很缓的或者仅仅是被溅湿的石头上，然后用它的虹吸式口器吸食水分。有意思的是，它一边吸水，一边又从屁股那里把一颗颗晶莹的水珠排了出来。原来，对飞蛾来说，这是一种一举两得的行为：首先，当清凉的溪水经过其身体内部，可以给身体降温；其次，还能顺便吸收、补充体内所需的矿物质等微量元素。

在四明山的夜间溪流中，最常见的“喷水”飞蛾是金星垂耳尺蛾，其胸部与体侧为鲜明的黄色，而翅膀为白底多黑斑。

注意到这只金星垂耳尺蛾尾部那亮晶晶的水滴了吗？

赤基色蟌

最漂亮的豆娘

除了喷水的飞蛾，同样让人开心的，是在溪流中遇见宁波最大最漂亮的豆娘——赤基色蟌（音同“葱”），属于蜻蜓目色蟌科。其雄虫的翅膀基部不透明，为迷人的宝石红，故名“赤基”；雌虫色彩与雄性近似，但翅膀为淡褐色，透明。赤基色蟌喜欢生活在溪流附近，在白天也可以见到，但由于它比较警觉，因此拍摄难度相

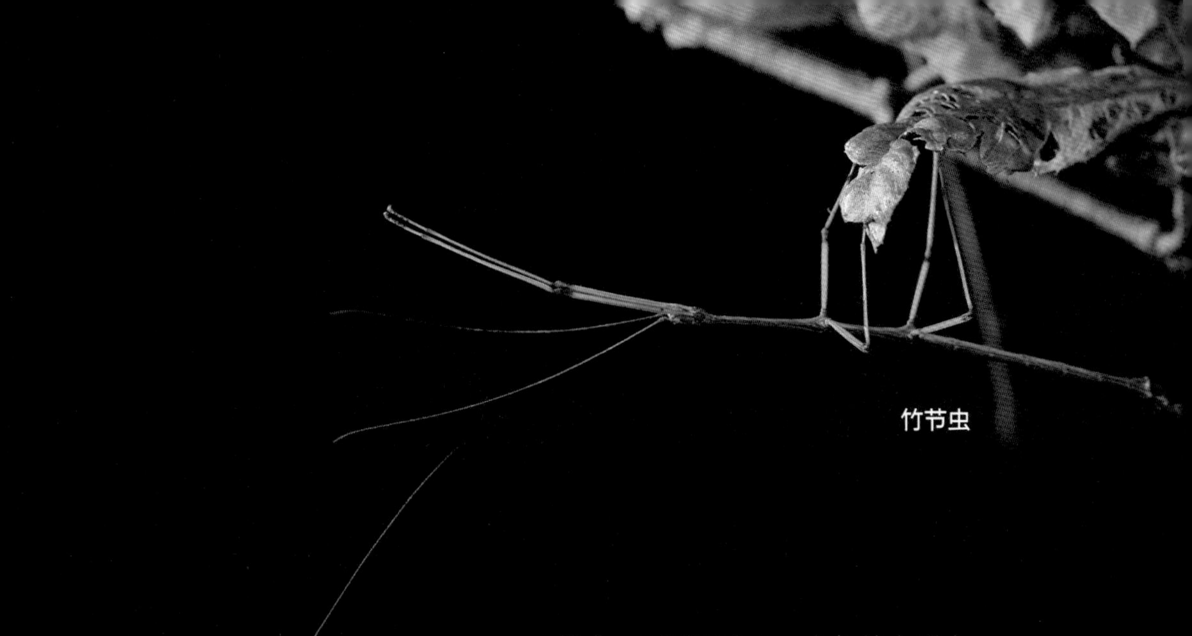

竹节虫

对较大。而到了晚上，它们就在溪中石头或溪畔的植物枝叶上休息，因此就可以凑近好好观赏与拍摄。

除了赤基色蟌这种特别漂亮的豆娘，我也常看到很多身体纤巧的豆娘入夜后停栖在草叶上休息。有时，还会看到夜晚活动的竹节虫、螳螂，以及在草叶上睡觉的蜥蜴等小动物。我曾经见到两条北草蜥几乎是相拥着睡在一起，像是亲密的爱人。

螳螂

北草蜥

暗夜捕食者

有一次，我去鄞州公园二期夜探，沿着水边栈道一路看下来，忽然注意到一个有趣的事实：凡是在栈道底下安装灯光的地方，几乎都有蜘蛛结了网，然后它们就各自安坐“军中帐”，等猎物触网。一开始不明白，稍稍一想，不禁佩服蜘蛛的聪明，它们显然知道灯光对飞蛾等昆虫有诱惑力，因此纷纷把网结在灯的外面。当飞虫不幸撞到蛛网上，蜘蛛便急急忙忙地跑过去，用蛛丝将虫子重重缠绕，使之完全无法动弹，然后才享用美餐。我见过的蜘蛛种类很多，它们体形相差极大，小到绿豆，大到一元硬币，都有，可惜我叫不出它们的名字。

蜘蛛捕食

蚰蜒捕食昆虫

跟蜘蛛同为节肢动物的蚰蜒，也是常见的暗夜里的昆虫杀手之一。蚰蜒是蜈蚣的近亲，黄褐色，有毒颚，还有 15 对细长的足，爬行速度很快。万一被捕捉，这些足很容易脱落，以帮助蚰蜒快速脱身——这跟壁虎断尾是一样的道理。蚰蜒喜欢生活在阴湿的地方，白天隐匿，晚上出来捕食小虫，我曾亲眼见到一条蚰蜒在吃一只蟋蟀。

吃鱼的溪蟹

溪中还有一种让我感兴趣的小动物，那就是溪蟹。小时候在老家，我最喜欢做的事情之一就是抓“石蟹”（这是方言的称呼，不知规范的名字叫啥），有时去翻沟渠中的石块，以寻找躲在下面的蟹，更多的时候是直接将手伸进沟边的泥洞里将蟹掏出来，尽管弄得浑身烂泥，也乐此不疲。如今溯溪夜拍，溪蟹常可见到，这种蟹跟我老家的石蟹长得很像，不过我不再抓它们了。

几年前，有一次我带女儿航航在溪流中夜拍，她看得比我仔细，居然发现有一只溪蟹正躲在石缝旁边吃一条银色的死鱼。我不知道，溪蟹是抓了活鱼等它死了再吃呢，还是弄到这食物时它已经是一条死鱼了，但不管怎样，溪蟹进食的场景，我还是第一次看到。当时航航很得意，说：“这可是我先发现的！”还有一次，带孩子们夜探溪流时，看到一只溪

这只雌蟹的“肚脐”位置包着很多小蟹

溪蟹

一只白额燕尾亚成鸟被我们吵醒了

蟹在吃一枚豆荚，大家看了都很惊奇。

以上说的这些物种或现象在夜晚都很常见，不过，作为一名观鸟爱好者，我在夜探过程中，其实也挺想看到鸟类的，可惜这种机会不多。记得有一次晚上进入天童国家森林公园，我偶尔一抬头，见到一只白额燕尾的亚成鸟（即还是个“青少年”）在树上休息。它被突然而来的手电光照得不知所措。还有一次，我在余姚四明山的一条溪流中的小桥底下，见到一只红尾水鸲（音同“渠”）的雌鸟在石头上睡觉。这家伙很机灵，被灯光一照，马上就反应过来，随即飞走了。

夜探西双版纳热带雨林之一

雨林奇遇记

2014年夏天，即我女儿小学毕业的那个暑期，7月中旬，我们一家三口去云南西双版纳旅行。这次长途旅行不是普通的旅游，而是一次“博物旅行”。我们很少游览各种常规景点，也没有去看当地特色演出，而是花更多时间去观察热带雨林中的蛙类、蛇类、鸟类、兰花等各种奇妙的物种，特别是夜探雨林，留下了非常难忘的体验。

说起来，这次事先并不曾经过周密计划的博物旅行，是由一连串的巧遇加奇遇组成的。具体是怎么回事？且听我一一道来。

他乡偶遇故知

为了便于机动行事，我先在网上向租车公司预订了一辆车。当我们从宁波飞到西双版纳机场后，马上就拿到了车，然后全程自驾，当日就赶到了中国科学院西双版纳热带植物园所在的勐仑镇。

刚到植物园，就遇到了一个人。可以说，这次邂逅成了此次旅行的一个最有趣乃至最关键的环节。如果没有这次遇见，就没有接下来的那么多故事，夜探雨林的成效也肯定会大打折扣。

那天中午，我们一家三口逛植物园，这个园子非常大，但我没想到，园内几乎没什么餐饮店。正当我们饥肠辘辘，彷徨无计的时候，一个小伙子飞快地骑车而过，我马上大声喊住了他，向他打听吃饭的地方。一聊起来，他听说我网名叫“大山雀”，居然马上说他曾经见过我。这让我大吃一惊。原来，几年前的国庆节，在江苏南通的海边，这位名叫顾伯健的小伙子还是名大三学生，也喜欢观鸟，见到我时，对我拍鸟的“大炮”（超长焦镜头）很好奇，曾经帮我扛过“大炮”。而当时，他已经是中国科学院植物所的研究生，在西双版纳热带植物园做学问呢。顺便说一句，这位小顾，因为热切呼吁保护濒危的绿孔雀，到2017年已经成为国内生态保护圈子里的名人。

他乡遇故知，分外亲切。有了小顾带路，当天的中饭自然顺利解决了。而且，对我来说，更重要的是找到了一个熟悉当地情况的向导。

夜拍国内最罕见竹叶青

当天晚上，我和女儿航航、小顾，还有一位来自香港大学的读生态学的女研究生小九，总共四人，驱车十几公里，来到一片热带雨林。

走过横跨溪流的已经有点破烂的吊桥，刚进入林中小路，航航就说：“看，有只鸟儿在睡觉！”大家都抬头，果见一只黑头鹎停在很低的树枝上歇息。我们的说话声惊动了它，一开始它还懵懵懂懂，搞不清楚状况，后来感觉不妙，立即飞走了。

黑头鹎

接下来，我们在小路两旁接连见到了十几条竹叶青蛇，那密度简直可以用“三

坡普竹叶青

步一哨，五步一岗”来形容。这种毒蛇通体碧绿，相当漂亮。而且，它们性格温柔，都是非常安静地待在路边石头上，或缠绕在小树枝上，头朝下，守株待兔，等待捕食的机会。我问小顾，这是哪一种竹叶青蛇？按照蛇类的分布区域来看，会不会是冈氏竹叶青？但小顾表示不知确切答案。

国内分布的竹叶青蛇有多种，分布最广、也最常见的是福建竹叶青，我在宁波拍到过好多次。其他还有白唇竹叶青、冈氏竹叶青等。但直到 2015 年年底我才确认，在西双版纳雨林中拍到的那种竹叶青，名为坡普竹叶青，是 2015 年发表的中国蛇类新分布记录，也是国内分布最少的竹叶青。

女儿成了我的灯光助理，她帮我拿着一支被无线引闪的离机闪光灯，配合相机顶上那支主灯给拍摄对象补光。闪光灯打扰了竹叶青蛇，但它们没有任何攻击姿态，而是无奈地转身进入灌木丛躲了起来。

丽棘蜥

慢慢行走，具有极好伪装色的丽棘蜥、各种色彩艳丽的蛾子、溪流边的蛙类……都吸引了我们的目光。

渐近午夜，我们开始返回，在退出雨林来到吊桥边的时候，大家特意关闭了头灯、手电等所有灯光，静静地体会这有如原始洪荒时代的黑夜。此时，星斗满天，山风阵阵，脚下是奔腾的潺潺溪流，水声、蛙鸣、虫鸣合奏出最纯朴的音乐。

飞蜥与大壁虎

次日晚，小顾又带着我夜探版纳植物园中的绿石林景区。刚进入景区栈道，小顾就说："看，一条飞蜥！"手电一照，果然见到一条长十几厘米的绿色蜥蜴，它正沿着大树的主干从上往下慢慢走。起初，我觉得它与平常的蜥蜴并没有太大的不同。后来，估计是因为受到了我们的闪光灯的惊扰，它跳到了地面，这时我看到，它的腹部仿佛一下子变宽了。原来，这变宽的部分，正是其翼膜的一部分。

大壁虎

飞蜥是一种形态较为奇特的蜥蜴，体侧具有多对由延长的肋骨支持的翼膜。飞蜥常在树上活动，比较少下到地面。在树上爬行觅食昆虫时，翼膜像扇子一样折向体侧，而在林间从高处往低处滑翔时，其翼膜就会向外展开，以增加空气的浮力。它在滑翔时可改变方向，但不能由低处飞向高处。

继续前行，忽然见到一只大壁虎。当时它正在栈道边缘活动，当手电光照过去的时候，它就机灵地躲到了林中栈道下。我们钻入栈道下，只见这只大壁虎身体粗大，比成人的手掌还长得多。仔细看它的头部，灰绿的底纹上面遍布橙黄的斑点，瞳孔跟一些蛇类一样是竖的，虹膜遍布细纹，看上去就像是外星生物。

后来才看清楚，这只大壁虎刚蜕过皮，身上还残留着老的皮，因此身体还比较娇弱，行动不是特别灵活，由此才给了我们近距离拍摄

飞蜥

的机会。大壁虎俗称“蛤蚧”，由于是著名药用动物之一，长期以来被大量捕捉，野生资源急剧减少，目前已成为濒危物种。

随后，在一棵大树的树干上，见到了一只正在捕食的凶猛的大蜘蛛，可惜我叫不出它的名字。它从头至尾长约 5 厘米，但如果横向测量其两侧的足伸展后的总宽度的话，显然会超过 10 厘米。而且，它的几对足都长满了毛，甚至还有几个尖刺，看上去令人不寒而栗。这样的

蜘蛛捕蟑螂

一只蜘蛛在捕食泽陆蛙

大蜘蛛我们在前一个晚上刚见到过，当时它逮住了一只泽陆蛙，正在享用美餐。而眼前这只，则逮住了一只蟑螂，也在大快朵颐之中。跟普通结网捕食的蜘蛛不同，这种蜘蛛看样子是在自由移动中主动出击去捕猎的。

延·伸·阅·读

何谓“博物旅行”

旅行的方式有很多种，而最近几年，博物旅行在国内正悄悄地流行开来。

大家都知道，博物学在中西方都有很久远的历史。孔子云：读《诗经》，可以“多识于鸟兽草木之名”。《诗经》里的很多歌谣都来自民间，那些“草根诗人”对身边的动植物的描述与吟唱，本身就是很好的博物观察内容。因此，后世之人学习《诗经》，可以从中学到不少有关动植物的知识。

19 世纪，西方的博物学发展最为光彩夺目。无数博物学家来到世界各地进行探险，采集、描述了大量动植物标本，撰写了大量著作。

到了当代，随着现代科技的飞速发展，博物学逐渐衰落。

但是，急剧加快的城市化进程也催生了更多人对回归乡土、亲近自然的渴望，越来越多的人希望能在业余时间离开钢筋水泥的都市森林，去乡野之间享受蓝天，欣赏野花，听听鸟鸣与蛙声。

目前，在中国，博物旅行这一理念在大众眼里还是一种相当新锐的提法。好在，近年来，喜欢自然摄影的人士在国内越来越多，大自然平素不为人知的美丽通过摄影师的镜头得到了更好的展现。这些影像资料通过网络、书籍、展览、讲座等各种形式，直观地呈现给公众，产生了不小的震撼力，同时也鼓励越来越多的普通人去深入地了解大自然。

无论是观鸟、赏野花、认识昆虫，还是夜探自然等，都是博物旅行的方式。通过这些方式，旅行者的面前仿佛打开了新的观察世界的窗户，大自然的呈现乃显得如此多样与别致，而旅行者的心灵也常常由此得到感动与净化，很多世俗的烦恼在不知不觉间烟消云散。

可见，博物旅行是一种结合了知性与“野性”的旅行方式，它让人们在跋山涉水的同时，从博物学的角度、以孩子般的眼光和心性认识大自然，并从中获得发现和体验的乐趣。

最近十余年来，我酷爱自然摄影，业余时间主要致力于浙江本地的野生鸟类、两栖爬行动物、野花、野果、昆虫等方面的拍摄。同时，我常带孩子到野外进行亲子博物旅行，尽量让孩子在自然中成长。

夜探西双版纳热带雨林之二

黑蹼树蛙的爱情故事

在离开中科院西双版纳热带植物园，准备前往勐腊县的时候，小顾告诉我，在勐腊县有片雨林，那里有很多蛙类，晚上很值得去看一看。到达那里后的当晚，我开车带着女儿，来到小顾所指点的那片雨林寻找蛙类。

“飞蛙”与闪鳞蛇

7 月正值版纳的雨季，不时而来的阵雨，在雨林边缘的路旁形成了很多水沟、水坑。这些地方成了蛙类的繁殖乐园。晚上 7 点多，我们一到那里，就听到了“咕咕”“叽叽”“呱呱”各种热闹的蛙鸣声。不到 100 米的一段路，我们就见到了黑蹼树蛙、锯腿水树蛙、背条跳树蛙、粗皮姬蛙等五六种蛙，一时简直不知道拍哪个好。

锯腿水树蛙数量很多，它们体形小，保护色很好。其雄蛙体长才 3 厘米左右，雌蛙则有 4 厘米多，皮肤粗糙，背部以深棕褐色为主，

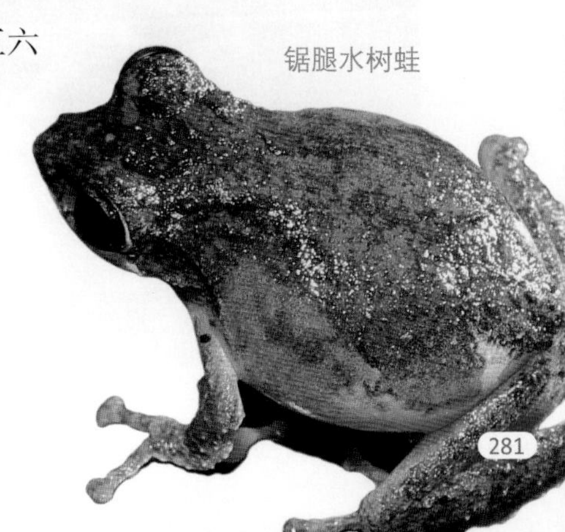
锯腿水树蛙

抱对的锯腿水树蛙

粗皮姬蛙

背条跳树蛙

头部则为暗绿色，整个身体都是“森林仿生迷彩”，不仔细看的话，还真不容易发现它们。那天我还拍到了这种蛙雌雄抱对的照片。

相对而言，背条跳树蛙就显得秀气清爽多了。它们尽管也是体长只有 3 厘米左右的微型蛙类，但身体纤长，棕黄色的背部有多条深色纵纹——估计这就是它名字中“背条”的来源吧。轻巧的背条跳树蛙爱待在宽阔的植物叶面上，我让女儿继续当灯光助理，手持离机闪光灯为我的拍摄补光。

最漂亮的当然是黑蹼树蛙。这是一种被列入“全球性易危物种”的体形较大的蛙类，雌蛙体长可接近 10 厘米，雄蛙略小，一般体长为 7 厘米左右。这也是一种树栖性很强的蛙，全身碧绿，身体扁平，脚上具有宽大的黑色蹼，前后肢的外侧有肤褶，用以增加它的体表面积。当它从高处向低处滑翔时，蹼完全张开，可以减慢降落的速度，因此是亚洲少数几种著名的飞蛙之一。

这地方的黑蹼树蛙很多。当航航帮我打灯的时候，忽然一只黑蹼树蛙不小心跳到了她身上。我把它轻轻抓住，放到航航的手心里，让她仔细观察了一下，随即把它放回树枝上。

一只黑蹼树蛙跳到了航航身上

航航还在那里发现了一只看上去肥嘟嘟的步甲，她把它放在手心里玩了半天，很喜欢。晚上 10 点左右，女儿说困了，我只好先开车把她送回旅馆，自己返回继续夜拍。在雨林边缘的一条水沟旁，我正在拍摄蛙类，忽然见到一条小蛇在落叶堆里穿行。我立即将镜头对准了它。当闪光灯亮起，这条小蛇的身上反射出五彩缤纷的光泽。这让我大吃一惊，心想：这莫非就是传说中的闪鳞蛇？不管怎样，先拍了再说！

后来，我把照片发到微博上，向国内的博物学大神请教。专家确认，这确实是闪鳞蛇。据赵尔宓的《中国蛇类》描述，这种蛇常穴居地下，或隐匿于朽木及石下，晚上到地面活动，能迅速钻入松软的土壤中。最奇特的是，它的鳞片在光照下会闪现出如彩虹般多彩的金属光泽。由于这种蛇行踪隐秘，拍到它需要很好的运气。

黑蹼树蛙的洞房之夜

下一个夜晚，我独自去那片雨林，居然意外拍到了一组关于黑蹼树蛙的“繁殖大片”，这为我的夜探西双版纳热带雨林之旅画上了一个完美的句号。

黑蹼树蛙生活于海拔 600 米～1000 米的热带雨林中，干旱季节通常分散栖息于森林里，难得一见，而在雨季的夜晚，它们会大量出现于水塘、水坑附近的乔木上或灌木丛中。在繁殖季节，雄蛙雌蛙抱对，产卵于水塘上方的叶片上，卵泡被叶片包卷着，距水面数米，蝌蚪孵化出来后可直接跌入水塘中生长。

闪鳞蛇

那是一个雨后的深夜，山脚的小水沟中蓄满了水，树蛙们都来到这里“找对象”。我刚到那里，就听到大片的“歪咕、歪咕”的响亮叫声，这正是黑蹼树蛙雄蛙的叫声。它们如此卖力地叫，就是为了求偶。

我注意到，一只肚皮鼓鼓的雌性黑蹼树蛙一直趴在一枚大树叶上一动不动，而在它周围一两米处，有四五只雄蛙在躁动不安地跳来跳去。直觉告诉我，接下来很可能会有故事发生！

于是，我准备好300毫米长焦镜头与闪光灯，在一旁静静观察，不时举起镜头进行对焦。果然不出我所料，约20分钟后，一只雄蛙跳到了雌蛙所在的那枚树叶背后，先是探头探脑地观察了一番，然后迅速跳到雌蛙背上，一把抱紧。转瞬间，后面又有三四只雄蛙蜂拥而上，乱抱一气，如同叠罗汉一般，都“堆”在了雌蛙背上。好戏上演了！我的心里一阵激动。我的眼睛根本没时间离开相机的取景器，只知道不停地按快门。

在雄蛙的热情拥抱下，雌蛙开始排出白色的卵泡，而雄蛙排出精液，

① 一只雄蛙从树叶背后接近趴在树叶上的雌蛙

② 几只雄蛙蜂拥而上抱住雌蛙

③ 它们用宽大的蹼搅拌卵泡，使之充分受精

④ 抱对繁殖过程结束后，又来了一只雄蛙想和雌蛙“亲热”

几只蛙一起用宽大的黑蹼搅动身下的白色泡沫，以期达到充分受精的目的。这过程持续了很久。最搞笑的是，其间有一只“打酱油”路过的树蛙，见到黑蹼树蛙抱对繁殖的混乱场景，竟好奇地从树叶背后探出头来，看了好一阵子热闹。

事儿完了之后，雌蛙用它的长腿慢慢拢紧树叶，包裹住卵泡。此时的雌蛙，由于排出了卵泡，已变得“瘦骨嶙峋”，与半小时前胖胖的那只雌蛙竟“判若两蛙”。

一般来说，故事到此就该结束了。谁知，此时竟又有一只雄蛙冒冒失失地赶来，也抱住了这只雌蛙。估计，一开始，这只迟到了的雄蛙还在心中窃喜：今天没人跟我抢老婆！谁知，尽管这只雄蛙又抱又搂，又是拼命绕圈，献尽殷勤，可雌蛙始终对它毫不理睬。折腾了半小时，这郁闷的迟到者只好悻悻离开。

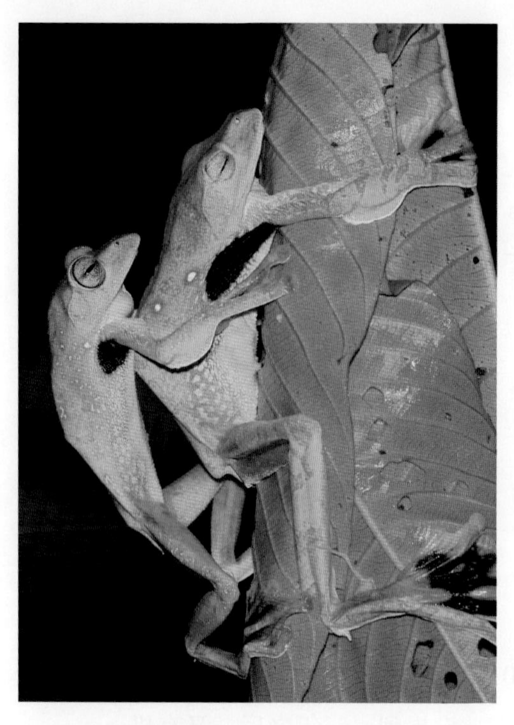

⑤ 最后来的那只雄蛙不停地“献殷勤”，可惜已排卵完毕的雌蛙毫无反应

⑥ 最后，那只迟到的雄蛙只好郁闷地离开

如此完整的关于黑蹼树蛙繁殖过程的照片，殊为难得。这组照片曾在一次全国性的两栖动物摄影大赛中获得一等奖。后来，中国科学院成都生物研究所的一位研究树蛙的专家还特意联系上我，希望我能发这组照片给他，以协助他研究。

夜探西双版纳热带雨林之三

水蛙的歌声

想来也是跟西双版纳有缘，自从 2014 年暑期去那里博物旅行之后，一直对这个遥远而美丽的地方念念不忘。没想到，三年之后，又有机会去了，而这次是带女儿航航去参加在中国科学院西双版纳热带植物园内举行的第二届罗梭江科学教育论坛。有意思的是，2014 年夏天，是航航小学毕业的暑假，而 2017 年夏天，刚好是女儿初中毕业的暑假。

论坛期间，我们就住在西双版纳热带植物园内的酒店，附近的生态环境非常好。因此，我就利用晚上的空闲时间，在酒店周边夜探，也拍到了不少有趣的小动物。

酒店内外，蛙声一片

这次有幸参加罗梭江科学教育论坛，得感谢当时在植物园内工作的王西敏老师，是他邀请我们父女俩去参加这个论坛并演讲。2017 年 7 月 12 日傍晚，不少与会嘉宾跟我们乘坐同一班飞机抵达西双版纳，前来接机的赵江波老师先带大家去附近的傣族村庄吃晚饭。到云南就是好啊，就连家常菜也很不一般，当地人喜欢把一些常见植物当作香料来调味。我们开玩笑说，这是一顿考验植物分类学的“博物晚餐”。

出机场后的“博物美餐”

我和女儿参加的是“艺术和环境教育融合”分论坛。我的演讲主题是“带孩子去博物旅行”。航航的演讲主题是“自然观察，从水彩开始”，她介绍了自己把水彩绘画与博物观察相结合的一点感受。在演讲嘉宾中，航航是年龄最小的一个。这是女儿第一次在如此高规格的场合演讲，到达酒店后，晚上她也在为演讲做准备，因此没有跟我一起去夜探。而我，连续两个晚上都在夜拍。

暮色降临，酒店内外，就已经是蛙声一片。原来，酒店内部的景观走廊旁，就是由水池、假山、热带植物等组成的一个小型生态群落，入夜后，那些蛙就出来大声歌唱，声音类似于“嘎咕！嘎咕！”。可惜它们多数躲在草木深处，很难找到。甚至在酒店门口的排水沟的窨井盖下面，也有蛙在卖力地鸣唱：“吱啾！吱啾！”那是一种尖锐的带金属质感的摩擦声。由于这窨井盖是没法移动的，因此我只能用手电通过井盖的方格孔往里照，好不容易才发现一只趴在沟底的小蛙。这蛙实在太小，比我在宁波见到的本地最小蛙类小弧斑姬蛙还小——大概就两个指甲盖那么长，不过体形倒是有点肥硕。后来请教了“锤男神”，得知它的大名叫“圆舌浮蛙”。我当时看到这名字就想笑，心想这小蛙的叫声还真有点“浮夸”。

圆舌浮蛙

走到酒店外面，我惊喜地看到，在路灯照不到的地方，时不时有萤火虫在树林间的草地上空飞舞，忽明忽暗的光点划过暗夜，非常梦幻。忽然，路面上一只胖胖的蛙吸引了我的注意，定睛一看，呀，原来是可爱的花狭口蛙！在分类上，花狭口蛙属于姬蛙科狭口蛙属。通常姬蛙科的蛙都是小不点，体长两三厘米的比比皆是，而这花

躲起来的花狭口蛙

花狭口蛙是姬蛙中的“巨无霸”

狭口蛙却是其中的另类，它跟其表亲们比，完全称得上是“巨无霸”。大一点的花狭口蛙，体长可达 7 厘米以上，而我眼前的这一只，体长也足有 6 厘米左右。既然叫“狭口蛙”，自然它的嘴显得很狭小，跟其庞大的身体似乎完全不匹配。它的背部为棕色，上面有深棕色的大面积斑纹，其轮廓看起来很像一个窄颈宽肚的花瓶。

这种蛙分布于华南，在宁波是见不到的。因此我趴下来认真拍它。可它显然不耐烦了，跳到路边的草丛中，然后匍匐着身子，作隐蔽状。我继续拍，发现它又用后足在推铲身子底下的松软的沙泥，不一会儿，就把小半个身子隐藏在了由泥土、落叶、青草所围成的泥窝里。它这算是把自己给藏好了。这隐蔽效果确实不错，如果我不是一直观察着它，恐怕是很难发现这里躲着一只蛙的。

水蛙与盲蛇

我不忍心再惊扰“小胖子”花狭口蛙，继续往前走。又老远听到了“嘎咕！嘎咕！”的响亮蛙鸣，于是循声而去，发现这种蛙有不少，有的躲在墙角旁小水沟的石缝里，很不好拍，当晚没有拍好。

次日晚上，我跟着在植物园工作的赵江波老师继续夜探，又听到了“嘎咕！嘎咕！”的声音。赵老师说，这是“版纳水蛙”，算是一种当地比较有特色的蛙类。在一个小池塘里，我发现一只雄蛙用前肢抱住植物的叶子，后肢半漂浮在水中，它就用这个姿势，喉部一鼓一鼓，长时间鸣唱着。它的体长约 4 厘米，背部棕褐色，体侧与四肢多黑斑。

伴着水蛙的歌声，我们几个人继续往前走。赵老师说，待会儿考考你们的眼力，看能不能找到一种猎蝽的若虫。于是，我们走到一棵大树前，赵老师说：“你们仔细看，就在树干上，就在你们眼前，有好几只猎蝽的若虫，找到了吗？”

版纳水蛙

四斑荆猎蝽的若虫，这是用微距镜头拍摄的放大了好多倍的照片

在树皮上钻来钻去觅食的钩盲蛇

大家围在一起，瞪大眼睛，找了半天，愣是啥也没看到：眼前明明空无一物啊，除了树皮还是树皮。见我们几个都不争气，赵老师只好过来一指："看，就是这个！"天哪，我万万没想到这是一只虫子！我还以为这是一颗灰尘或一小滴鸟屎之类的东西！赶紧用微距镜头凑近拍，谁知这家伙实在太微小，相机对焦十分困难，怎么也拍不清楚。拍了好多张，难得有一两张照片略微清楚一点，在相机屏幕上放大看，才发现这真的是一只虫子，只见它全身粘满了极细的沙尘（这正是它的伪装策略！），就像一只极小极小的蜘蛛。后来，赵老师告诉我，这种猎蝽的名字叫"四斑荆猎蝽"。

当我还在为拍不清楚这小虫而烦恼的时候，忽听树背后传来一阵喧哗："哇，盲蛇！盲蛇！"我一听也激动了，什么？盲蛇也出现了？！赶紧过去一看，果然就在这棵大树背面被虫蛀过的树皮上，有一条比较大的"红蚯蚓"在钻洞觅食。没错，这就是钩盲蛇。它是一种细小的无毒蛇，头尾都是圆而钝，没有变细的颈部，也没有尖而长的尾巴，再加上它善于在地下掘洞，因此常被误认为是蚯蚓。其实，两者的区别还是很明显的，即钩盲蛇身上有鳞片，不像蚯蚓那样分成明显的段节。

在国内，钩盲蛇广泛分布于长江以南各地，在宁波也有分布。我以前见过农民在地里挖出钩盲蛇的新闻报道，可惜从未见过实物，没想到这次运气这么好，居然在西双版纳见到了。我眼前的这条小蛇，正在虫蛀过的树皮里钻来钻去，一会儿就不见了，估计在寻找虫卵、蛹、幼虫之类的美餐。这种蛇由于长期栖息于泥土中，营穴居生活，双眼已退化成两个小圆点，小眼睛上还盖有一片透明薄膜，没有视觉功能。但借助于其他感官，钩盲蛇的行动依旧敏捷。

回到酒店门口，看到草坪上蹲着一只蟾蜍，低头仔细瞧，原来是黑眶蟾蜍——我们都称它为"戴黑框眼镜的癞蛤蟆"，因为，按照专业的描述，这种蟾蜍最大的外观特征就是"自吻部开始有黑色骨质脊棱，一直延伸至上眼睑并直达鼓膜上方，形成一个黑色的眼眶”。黑眶蟾蜍在浙南有分布，但至少目前在宁波未曾见过。

此时，耳畔又传来版纳水蛙与圆舌浮蛙的歌声，此起彼伏，唱得不亦乐乎。对我来说，这仿佛是告别的歌声，因为又要离开美丽的西双版纳，作别神奇的热带雨林了。下次再见，不知会是何时？

黑眶蟾蜍

夜探台湾生态之旅

早在 2014 年夏天的西双版纳之旅结束的时候，我就对女儿许下诺言："航航，明年暑假我们一家三口去台湾玩！"说到做到，从 2015 年早春开始，我就为台湾之旅认真准备，除了办理自由行所需要的各种手续以及进行详细的行程规划，还花了很多时间去了解台湾的生态，准备趁机好好拍一些祖国宝岛上的小动物。

是的，我出门旅游往往带着很重的"私心"，这次又想把台湾之行变成博物旅行——至少在一半意义上是这样的。我历来对台湾的物种很感兴趣，陆续买过有关台湾的鸟类、蛙类、蛇类、蝴蝶、野花、野果等方面的大量书籍。以前光看书"望梅止渴"，如今真的要去台湾了，岂不兴奋？

限于本书的主题，这里主要记录此次台湾之行的夜探故事。

垦丁夜巡记

2015 年 7 月 12 日傍晚，经过一天的旅程，我们终于到达了台湾的最南部——碧波围绕的美丽的垦丁。入夜后，垦丁大街上人山人海，摩肩接踵，夜市生意非常兴隆。我们一家人在街上边吃边走，偶抬头，

寄居蟹

忽见天空有无数的蝙蝠在飞，估计这里飞虫多，蝙蝠们也在忙着赶夜市吧！

穿过大街，走向海边，一看也有不少人。他们都拿着手电在沙滩上寻找着什么，我们过去一看，原来大家都在找寄居蟹。而且，这显然是一个自然观察团队，有专门的老师为家长及孩子们讲解。于是，我们也兴致勃勃地加入了观察寄居蟹的队伍。当时我忘了随身带手电，航航只好用妈妈的手机照明，来寻找这些可爱的小螃蟹。

次日下午，我们去了社顶自然公园。这个自然公园很有名，以珊瑚礁林所形成的地形为主，多岩洞、峡谷，植被丰茂，蝴蝶种类众多。在秋季，这里还是观赏迁徙鸟类（尤其是猛禽）的胜地。在公园入口处，我们见到一位老者（显然是一位领队，或者自然导赏员之类的人员）在为游客做讲解，只见他站在树下手舞足蹈、指天画地，这种激情投入的模样十分可爱，但也令人发笑。我在一旁驻足听了一会儿，方知他是在说当年在这棵树下与美丽的五色鸟相遇的故事。后来的宝岛之旅中，我还多次见到这样的人，说明自然观察活动在台湾很受欢迎，这真的是件大好事。

进入公园后，在一棵大树下，航航忽然说："有条蜥蜴！"我一看，果然，以前在书上见过的，它叫斯文豪氏攀蜥，还是台湾特有的物种呢。这种蜥蜴属于飞蜥科，在台湾分布很广。后来我在公园内又见到好多条，大大小小都有。

后来听说，当晚有夜探社顶自然公园的活动，但需要预约。我抱着试试看的心情打了个电话，果然，很遗憾，名额早就满了。这意味着我不能于晚上进入公园了。无奈，当天晚上，我只好独自在附近的盘山公路周边走走，看能否找到什么两栖爬行动物。奇怪的是，可能因为那一带缺乏溪流之类有水的环境，我尽管走了很多路，但没见到啥两栖动物，属于外来入侵物种的非洲大蜗牛

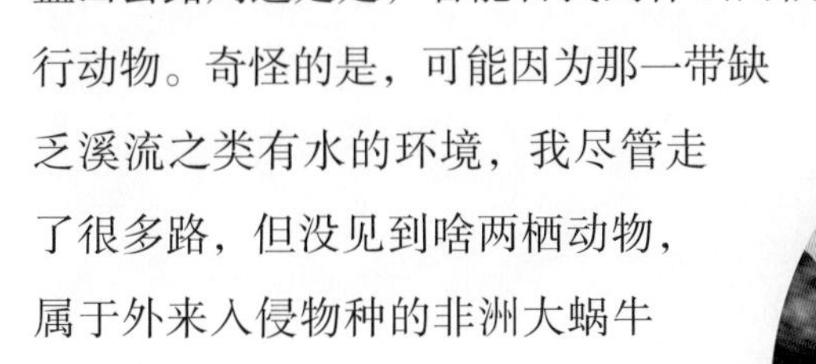

斯文豪氏攀蜥，摄于社顶自然公园

小雨蛙（饰纹姬蛙）

倒是不少。后来，我下到一条小水沟里，才看到一只最常见的饰纹姬蛙（拉丁文学名 Microhyla fissipes，台湾名叫“小雨蛙”，因为它们喜欢在雨后出来繁殖）。

7 月 14 日晚上，我们赶到花莲，入住民宿。我们在安静、秀美的花莲待了近 3 天，游太鲁阁国家公园、出海赏鲸（没见到鲸鱼，看到不少海豚）等，于 17 日下午抵达台北。

有幸遇见台北树蛙

7 月 17 日晚上，妻子和女儿都有点累了，因此我独自去台北市区的富阳自然生态公园夜探。去那里很方便，搭乘捷运（即地铁）到麟光站下车，走不远即可到达。来台湾之前，我就做过功课，知道富阳公园是个进行自然摄影的好地方。这个坐落于一座小山上的公园，早年是一个弹药库，属于军事管制区。因此，该地块数十年来未见人工破坏，后来弹药库撤离，被改建为公园，并成为台北市区唯一一处自然生态公园，里面设置了多处野生动植物的导赏区。

当天晚上，我刚到富阳公园的入口，就听到阵阵蛙鸣传来，快步过去，还没看到蛙呢，偶抬头，竟看到一条非常细长的蛇正缠绕在树

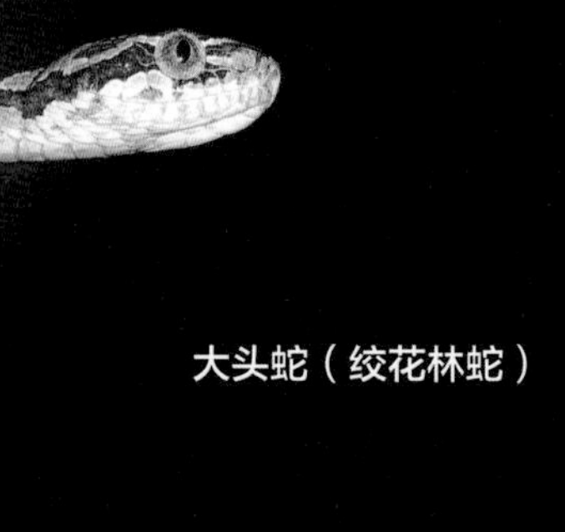

大头蛇（绞花林蛇）

枝上，缓缓爬行，似乎正在觅食。我心里一阵激动，手忙脚乱地取出相机与闪光灯就拍。正拍得起劲，忽见来了四个小伙子，也戴着头灯，拿着手电，手持相机。我一看就乐了，心想，他们一定跟我一样是来这里夜探的。于是就跟他们打招呼，一聊方知，他们都是附近台湾师范大学的大学生，其学业的一个研究重点就是关于当地的两栖爬行动物。他们告诉我，树上的蛇叫“大头蛇”，无毒。事后我弄明白了，台湾所称的“大头蛇”，即大陆所称的“绞花林蛇”（Boiga kraepelini，详见《烙铁头惊魂》），两者属于同物异名。不过，与我在宁波本地所见的绞花林蛇相比，那天晚上在台北见到的这条“大头蛇”，它身上的斑纹无论从形状还是颜色来看，还是有所不同的。

看来我的运气不错，居然能在台北遇见熟悉本地两爬的人。于是，接下来我索性跟着这四个大学生，一起“夜游”了。我边走边向他们请教，问这里可有什么特色蛙类。一个学生说，公园里有多种树蛙，其中最有特色的当属比较珍稀的台北树蛙（Rhacophorus taipeianus）。

台北树蛙

贡德氏赤蛙（沼蛙）

“不过，台北树蛙在冬季繁殖，在其他季节一般难以看到。”他说。我听了心里一阵失落。继续往前走，我忽然看到前面有一只绿色的小蛙趴伏在树叶上。“中国雨蛙！”我忍不住喊出了声。几个学生过来一看，有人惊讶地说：“这就是台北树蛙呀，你的运气真好啊！”我大喜过望，赶紧认真地拍了起来。仔细观察便知，这只小蛙虽然跟中国雨蛙一样浑身碧绿，但并不像中国雨蛙那样体侧有明显的黑斑。

后来，在附近又找到一只台北树蛙，但为了赶上大学生，我没有时间多拍。

“白颌树蛙”之谜

富阳公园里的蛙类确实不少，好多弹琴蛙（Nidirana adenopleura，台湾名是“腹斑蛙”）在水塘里“给，给”地大声叫，可惜只闻其声难觅其影。沼蛙（Boulengerana guentheri，台湾名是“贡德氏赤蛙”）

酣睡中的斯文豪氏攀蜥

盘古蟾蜍

也见到好几只。此外还见到不少斯文豪氏攀蜥，它们都趴在植物上（或抱着植物）睡觉，一副憨态可掬的样子。沿着山路，我见到两种蟾蜍：盘古蟾蜍（Bufo bankorensis）与黑眶蟾蜍（Duttaphrynus melanostictus）。在大陆，广为分布的是中华蟾蜍，而在台湾，没有中华蟾蜍分布，而是由盘古蟾蜍取代了其位置，成为分布最广、最为常见的蟾蜍。黑眶蟾蜍在我国南方分布较广，而盘古蟾蜍是台湾特有种。如果光看图鉴的描述，我真的看不出盘古蟾蜍

黑眶蟾蜍

白颔树蛙（斑腿泛树蛙）

与中华蟾蜍有啥显著区别。不过，当晚在富阳公园所见的盘古蟾蜍，跟我在宁波所见的中华蟾蜍还是有明显不同，首先它背部的粗糙程度不及中华蟾蜍，此外它的背部中间有条浅色的纵线，这也是我以前所未见过的。

公园里，树蛙确实多，有一种皮肤粗糙的很小的树蛙，叫“面天水树蛙”（Aquixalus idiootocus，台湾名是“面天树蛙”），我见到了好几只，甚至还发现了一只没有左眼的残疾的小家伙。还有一只同等大小的树蛙，趴在稍高处的植物茎秆上，我刚拍了一两张照，它就躲起来了。因此，我只拍到了它的侧面，没拍到背部特征，事后对照图鉴也搞不清楚这是面天水树蛙还是日本溪树蛙（Buergeria japonica，台湾名是“日本树蛙”）。

最后我还拍到一种树蛙，没想到它的身份竟成了一个小小的谜。这是一只体形较大的棕红色树蛙，当时正垂直贴伏在绿色的植物茎秆上，好像睡着了的样子。第一眼看到的时候，我就觉得有点奇怪，它既像常见的斑腿泛树蛙，又有些地方不像，具体又说不出个所以然。回宁波后，仔细翻看手头两本关于台湾两栖动物的专著——潘智敏著《台湾赏蛙记》与施信锋著《两栖特攻队》，发现这种树蛙是台湾所称的“白颔树蛙”无疑。

但问题是，《台湾赏蛙记》一书中给出的白颔树蛙的拉丁文学名是Polypedates megacephalus，这也正是斑腿泛树蛙的学名，说明这两者是同物异名。而《两栖特攻队》明确把白颔树蛙与斑腿泛树蛙（书中叫“斑腿树蛙”，并说明这是台湾原先所没有的外来蛙类）列为两种蛙，其给出的白颔树蛙的拉丁文学名是 Polypedates braueri，而这一拉丁文

面天树蛙（面天水树蛙）

学名，在《中国两栖动物及其分布彩色图鉴》中是找不到的。《两栖特攻队》所列出的白颔树蛙与斑腿泛树蛙的主要外观区别点就一个，即前者的大腿内侧的网状白斑块比后者大一点（注：大腿内侧多网状斑块，就是“斑腿”两字的来源）。作为一个业余的自然摄影爱好者，我不懂两栖动物的分类学，但我猜：莫非在分类上专家们已经把这白颔树蛙与斑腿泛树蛙合并为一种蛙了？我专门找出台湾著名自然录音师吴金黛所录的白颔树蛙的鸣声，觉得与斑腿泛树蛙那典型的类似鼓掌的“啪嗒、啪嗒”声并没有什么不同。

有点说远了，最后还是回到富阳公园的夜探之旅。其实，在公园内最后的夜观，是站在小山顶上眺望，刚好可以欣赏著名的 101 大楼高耸的璀璨身影。真的没有想到，在台北这样的繁华都市里，居然还隐藏着富阳公园这样的生态秘境。

从富阳公园眺望台北夜景，远处台北 101 大楼高耸璀璨

赤尾青竹丝（福建竹叶青蛇）

夜探乌来森林步道

7月18日白天，我们一家三口去参观台湾大学，发现学校里的鸟儿一点都不怕人。黑冠麻鹭静静地站在路边水池的植物群落的边缘，容我靠近到约一米的距离拍摄。黑水鸡在校内“醉月湖”旁的草坪上乱走，一直走到我的脚边。最令人吃惊的是黑卷尾（台湾叫“大卷尾”），它停在湖边的树枝上，见我举起镜头拍它，竟很不高兴地俯冲到我眼前来示威，要我“识相点”，快快离开。

下午，我先搭捷运后转公交车，到了台北市郊的乌来。这是一个以温泉、瀑布等著名的风景区，山林繁茂，水流湍急，风景很美。晚上，我独自到那里的信贤步道夜探。这条步道一边靠近河流，一边是山脚，山上时有小溪淌下来，环境很湿润。原以为只有我一个人出来夜游，谁知途中竟迎面碰到两拨台湾人，他们成群结队，男女老幼皆有，都带着手电或头灯，有的也拿着相机。上前一搭讪，方知他们原来跟我一样，也是出来夜探的。只见这些台湾的夜探爱好者兴高采烈，已经结束探索准备回去了。我问他们：“今晚看到了什么蛙蛇之类？”其中一名男子大声笑着说：“看到了‘雨伞节’呢！你一个人可要小心啊！”台湾人所称的“雨伞节”，即银环蛇，号称中国陆地上单位毒性

斯文豪氏赤蛙（棕背臭蛙）

最强的毒蛇。我也笑了，为这些热爱大自然的台湾人的饱满情绪所感染。

接下来的夜探过程中，可惜我没有见到“雨伞节”，只见到了在宁波也常见的赤链蛇与福建竹叶青蛇（台湾叫“赤尾青竹丝”）。竹叶青见到两条，其中一条盘踞在山脚岩壁一个湿漉漉的凹槽里，另一条则缠绕在树枝上虎视眈眈，两者均守候着准备捕食。

在山脚的小溪边，我见到了一种背部绿色且多棕色斑纹的蛙，四肢前端均有明显的吸盘，模样有点像宁波常见的天目臭蛙。事后翻图鉴弄清楚了，这是棕背臭蛙（Odorrana swinhoana），而台湾人称它为“斯文豪氏赤蛙”。这种蛙确实跟天目臭蛙、花臭蛙等关系较亲，连叫声都差不多，都是“叽啾、叽啾”，很像小鸟在轻声鸣叫。

我很快发现，小溪畔还有一种背部棕红色的蛙，其大小跟刚才所见那种蛙（棕背臭蛙）差不多，在蛙类中都属于中等个子，体长6厘米左右。这种蛙的脚上吸盘更为显著，它能在垂直于水面的湿滑岩壁上如履平地。事后了解到，它的名字叫“壮溪树蛙（Buergeria robusta）”，而在台湾，人们称它为“褐树蛙”。由于其具有高超的吸附、

褐树蛙（壮溪树蛙）是“攀岩高手”

攀爬本领，《台湾赏蛙记》的作者潘智敏称它为“溪流中的攀岩高手”。

7 月 19 日白天，一家人游乌来的内洞森林游乐区，我拍了一些鸟类。当晚，原计划继续出来夜探，谁知傍晚竟大雨如注，一直到晚上 8 点多还没停。无奈，只好放弃了夜拍计划。夜探台湾生态之旅至此也画上了句号。这次游台湾，看生态，虽属跑马观花，但收获还算不错。所留下的遗憾，已化为无尽的念想，期待下次有机会再去台湾，与那些美丽的生灵相遇。

注：由于对同一物种台湾的命名与大陆的命名多有不同，因此本文中给出了相对比较容易搞混的蛙类的拉丁文学名，以便爱好者查证。

夜拍囧事

记不清曾有多少人好奇地问过我，你一个人晚上进山，难道不怕吗？黑漆漆的山林、隐藏在角落里的毒蛇，想想都毛骨悚然啊！

我说，能不怕吗？尤其刚开始夜拍的时候，一个人走进山里浓黑的夜幕，简直怕得要死，稍微有点风吹草动，都会让自己一惊一乍，心惊肉跳。后来时间长了，我才慢慢适应了黑暗，变得行动自如起来。

多年在野外夜拍，难免会经历不少囧事。现在想起来尽管有点可笑，甚至令人喷饭，但在当时，我是真的害怕，或者窘迫。是的，谁经历过谁知道，谁若不信，晚上独自去深山荒野中走一趟就知道了。

手电反向照射

2012 年夏天，我刚开始学着拍摄两栖爬行动物。这活儿可不好干，因为像蛙、蛇之类，多数是夜行性的，也就是说你得晚上进山寻找它们。久居城市，对山中的黑夜难免恐惧，最好找个伴一起进山。可是，谁愿意经常跟我一起去夜拍啊？又苦又累又危险。没奈何，大多数时候只好硬着头皮独自进山。

那年 7 月的一个晚上，我到横街镇的四明山中夜拍。那里有一条红色古道，是当地的一个景点。这条古道的起点是盘山公路，然后沿溪而上，路很陡，到上面是惠民村。说起来，这地方并不荒凉，但对那时的我来说，夜晚一个人去那里拍照还是害怕的。那天晚上，我戴着头灯，蹲在溪流里拍摄湍蛙，蹲下来没多久，就开始疑神疑鬼，总觉得背后有种说不出的异样，有时是一种沉甸甸的压迫感，有时是一种被暗中窥视的局促不安感，总而言之，正所谓“如芒在背”，心中难安。

后来，我想出了一个“绝妙”的主意：拿出一支备用的高亮手电，将其打开后反向放在身后的一块石头上。顿时，雪亮的灯光呈狭窄的扇形，驱散了沉沉夜色，照亮了后面的山林。也就是说，此时我的身前身后都是明亮的光。说也奇怪，如此一来，我终于可以安心专注地拍摄眼前的湍蛙，而不再顾忌来自身后的莫名的可怖之物了。

我不知道这在心理学上应该怎么解释。反正我觉得，就自己而言，最大的恐惧，是对于未知的恐惧，或者说，是对于完全不确定性的恐惧。无边无际的黑暗本来是虚空，乃是无形的，当然更不会有重量，但为什么独自身处其中的时候，常会觉得黑暗中有某种东西——“它”仿佛是有重量的，会压迫着你，有时甚至让人紧张到窒息。这个“它”，就是未知之境，就是一种完全不确定性，我们因为自己无法探知这种不确定性而充满无力感，心中的恐怖由此而生。当我采用手电反向照射（驱散）身后的黑暗时，这个充满不确定性的环境似乎在瞬间坍缩了（就像量子物理中经常描述的那样），变成一个明显可见的日常世界，于是恐怖感也大为减轻了。

古道夜惊魂

由于发明了“手电反向照射驱散黑暗”大法，我常去那条红色古道旁的溪流夜拍，胆子也越来越大。不过，有一天晚上，我没进入溪流，而是想往上走古道看看。

作者在拍摄蹲在树上的天目臭蛙（李超　摄）

那天晚上近 10 点，我沿着陡峭的古道拾阶而上，环视寻找蛙、蛇、昆虫之类。在半山腰的位置，一只镇海林蛙蹲在石阶上。我于是蹲下身来仔细拍摄，那时没见过几种蛙类，因此对什么都很好奇，拍得也特别认真。不过，那天我没有像往常一样把一支手电打开后放在身后。

正当我全神贯注拍蛙的时候，我的第六感仿佛起了作用——总感觉身后有什么东西在慢慢逼近，而且这种无形的压力越来越大，让我心跳加速，呼吸都加快了起来。一开始，由于害怕，我继续保持下蹲的姿势不敢稍有动弹，更不敢转身看。可是，身后“那种东西”伴随着一种轻轻的声音，显然还在接近，越来越近……最后，我终于忍不住了，霍地站了起来并回头一看。

“啊！”“啊！”我突然听到两声惊恐的尖叫声。

其中一声，是我自己发出来的。

还有一声，是一名黑衣男子发出来的。他就站在我眼前，几乎与我贴面而立。回过神来，我才看清并明白，这厮刚才是用手机的光当手电，独自慢慢走上山来的。

“你这是干吗！把我吓死啦！”我就骂他。

“你在干吗呢？！我才被你吓死啦！”他也很生气。

原来，这家伙是把车停在古道起点处的盘山公路旁的空地上，然后突发“雅兴”，想夜走古道玩玩。由于古道很陡，仰角很大，再加上我是蹲着打着手电在拍照（那时刚接触夜拍，拍摄光源主要采用手电与头灯，不像后来是靠闪光灯），估计“漏”到身后的光并不多。因此，估计这黑衣男子也是在离我很近的时候才发觉，居然有个人深更半夜在前面蹲着。然后，还没等他完全反应过来，我就突然站起来并转身与他对面而立。可以想象，他也是当场被我吓呆了。

俗话说：“人吓人，吓死人。”我也算是“狠狠地”经历了一回。不过，话说回来，那天晚上我的“第六感”也真的很准确，这说明我在专心致志拍照的时候，还是在潜意识中留了个“心眼”照看着身后。

山溪中的“灵异体验”

上面说到“第六感”发挥了作用，而接下来说的夜拍囧事似乎也跟“第六感”有关系，但又好像不止于“第六感”，总之是怪怪的。不过，正所谓“子不语怪力乱神”（《论语·述而》），作为一个受过良好教育的人，我历来不信那些神神道道的事儿。我明白下面将要叙述的所谓“灵异体验”其实也是心理因素在起作用。

2016年的一个夏夜，我去龙观乡的一条溪流中夜拍。首先申明一下：一、作为一个已经有了4年夜探经验的“老手”，我那时早已习惯了山野的黑暗，一个人晚上在山里行动很自在；二、无论白天还是黑夜，这条溪流我都已经去过N次，非常熟悉那里的环境与物种。

现在有点记不清了，但印象中那天晚上应该是2016年第一次进山

深夜在山中拍摄知了脱壳过程

夜拍。再次进入这条溪流，我心中有点兴奋，也略微有点紧张。那天的溪水很平缓，我戴着头灯，打着手电，慢慢溯溪而上。眼前所见，都是寻常的蛙类：湍蛙到处都是，天目臭蛙在溪边的石头上“叽叽”叫，反正对我也没啥新鲜感。对我来说，拍不拍倒也无所谓，就当是独自在山中夜游一番。

伴着潺潺溪水，我一路前行。忽然，一种奇异的感觉慢慢升了上来。我隐约觉得，身边有一物（我无法用一个合适的名词来描述此为何物或何种形态，故用了一个最中性的字：物）紧紧跟着我，几乎是那种贴身的跟随。“它”是无形的,但我能感觉到“它”的存在的状态，甚至感觉到“它”是在好奇地观察着我，就像一个隐身的又有点淘气的小精灵。我甚至能感觉到“它”是善意的，因此我并不害怕，只是微微有点窘——就像被陌生人一直注视着的那种窘。随后，我干脆挑了一块溪流中央的大石头，坐下来休息一会儿。就在此时，我又忽然感觉到，“它”已在一瞬间离我而去。我难以描述这种奇妙的感觉。当时，我索性关闭了头灯与手电，沉浸在黑暗中，抬头仰望峡谷外的天空，但见繁星闪烁。

事后，我曾跟别人多次描述过这次所谓的“灵异体验”，听者往往睁大了眼睛，但也说不出一个所以然。我自己推测，这种体验，很可能是因为自己很久没去山里夜拍了，因此心理上略微有点不适应，所以产生了一定的内在压力，并外化为一种无形的窥视之物。但这种内在压力又被以往的夜探经验很快抵消了，所以心里并不觉得怎么害怕。

薄暮密林“鬼打墙”

说了这么多，最后再讲一件严格意义上来说并不是发生在夜探过程中的囧事，但那次确实超级囧，比以往任何一次都囧。

时间大概是2015年深秋的一个周末，我独自去鄞江镇的卖柴岙水库上面的山上拍野菊。那座山处于鄞州区鄞江镇（现在属海曙区）与奉化萧王庙街道的分界线上，翻过山头即属于奉化地区。那天我出发进山比较晚，从卖柴岙水库旁的茶园上山，穿过一片密林。这片树林并不大，纵深估计不过两百米，但树木极为茂密，哪怕在阳光灿烂的中午进去，里面也非常阴暗。驴友在茶园与树林交界处的某棵树上系了彩带作为标记，意思是那里是林中小径的入口。同样，在密林中及穿过密林后，一路都有彩带。不过，在走出密林时，由于有两个分岔的小路出口，因此在那两个地方都系有彩带。

那天，我走到奉化境内才找到了野菊，然后匆忙返回，一路上的山路都比较宽而平坦，甚至在半山腰的某段路旁还有一幢烂尾别墅。深秋的白昼特别短，等我走到密林附近时，天色已经有点黑了。我看到一条彩带，就拐弯踏入了林中。谁知，刚进去不过20米左右，就感觉四周一片漆黑，根本分不清东西南北，也根本不可能看清脚下的小径，反正前后左右都是树木、灌木、藤蔓、野草，彼此没有任何区别。我急了，想赶紧退回到进入密林之前的那条宽阔的山路上，再作打算。谁知，我明明知道这条山路近在咫尺，可就是怎么走也走不到那里，相反，一路磕磕碰碰，都不知道走向哪里了。

顿时，一种不祥之感涌了上来，内心觉得非常恐怖。我想，再这样盲目地走，万一前面有悬崖或深坑可就太危险了！我当时想到了打"110"求救,但又觉得十分羞耻。毕竟,自己是报社的资深记者与编辑，已经多次见过本地驴友在山中因迷路而被困，最终靠搜救队救出的新闻，心想这次要是自己也报警求救，可就糗大了。

于是，我告诉自己，一定要冷静，冷静！不管怎么说，先退出密林，回到平坦山路上再作打算，大不了回到附近的烂尾别墅去歇一夜。我立定脚步，想到了一个主意：反正自己离山路只不过20米左右的距离，那就以自己目前的站立点为原点，做好标记，然后往四周各走一分多钟，如果越走林子越密，说明那方向是错误的，应立即折回到原点，再往另外一个方向试探，总有一个方向会是正确的。这一招果然灵，我很快安然退回到了林子外的山路上。其实，林子外还不是很昏黑。那时，我的心情已经大为平静，头脑也更清醒，忽然想到自己的摄影包里有一支迷你手电。赶紧拿出来，嘿，还真管用，我马上看到前面的树上也系着彩带。过去一瞧，小径的路口宛然在眼前。于是再次进入密林。谁知没走多久，手电的电池电量就耗尽了。万幸的是，我还有一节备用电池！

就这样，依靠手电与沿线的彩带，我顺利走出了密林。眼前，是如波浪般起伏的广阔茶园；头顶，是星光点点；而远处，是万家灯火。那一瞬间，我又开心又激动又后怕，眼泪都差点下来了。

夜拍怎么玩

聊完了夜探“囧事”，接下来就说点关于夜探（主要是针对夜间开展的自然摄影，即夜拍）的“正事”。目前，夜拍作为生态摄影的一种，逐渐在国内流行开来。夜拍的对象，主要是野外那些喜欢夜间活动的动物，跟白天的摄影有很大不同。下面就结合我自己的一点经验，跟大家聊一聊相关事项。

夜拍需要哪些器材?

夜拍对器材及附件很讲究。我的夜拍器材包括：数码单反相机、微距镜头、广角镜头、水下相机、闪光灯、柔光罩、高亮手电、潜水手电、头灯、“章鱼”三脚架等。当然，并不是说大家都得有这么多器材才能去夜拍。最简单的，一支高亮手电加一台具备微距功能的小相机，也能拍一些东西。

去哪里夜拍?

对于新手，建议从居家附近开始。比如，生态环境较好的城市公

我的部分夜拍器材：上，从左至右为装在“章鱼”三脚架上的闪光灯、小相机、装着闪光灯与微距镜头的数码单反相机；下，从左至右为头灯、水下相机、高亮手电

园与住宅小区，都是不错的选择。一般来说，在植被较好，类似于小型湿地环境的地方，都可能找到蛙类。在江南一带的城市，常见的蛙类有泽陆蛙、中华蟾蜍、金线侧褶蛙、黑斑侧褶蛙等。

除了赏蛙，夏季也是夜观昆虫的好时节。晚上，很多昆虫会趁着夜色的保护开始羽化，蜕变为成虫，比如经常可以看到蝉的脱壳羽化过程，非常有趣。

在积累了一定经验之后，可以到郊外或山区夜拍。特别是在山中的溪流里，晚上可以看到好多种蛙和蛇。春夏时节的雨后，是不少蛙类繁殖的高峰期。

夜拍怎么拍?

最简单的，就是一支高亮手电加一台小数码相机。最好把手电装在一个支架上，这样的话，可以在拍摄的时候将手电放一边，并随时调节光线角度，然后就可以手持相机，利用其微距功能进行拍摄了。得提醒大家的是，由于被手电照亮的拍摄目标（如一只蛙或一只昆虫）会显得很亮，而背景的夜色很暗，因此在拍摄时往往需要利用相机的曝光补偿功能，适当减少曝光量，以确保拍摄主体不会曝光过度。

会熟练操控数码单反相机的，则可以使用微距镜头配合闪光灯，进行拍摄。最简单的，就是在机顶使用一支外置闪光灯（为了让闪光比较柔和地输出，最好加装柔光罩）。相机曝光建议使用 M 档，由于近距离拍摄时专业微距镜头的景深很浅，所以一般需要用小光圈进行拍摄，我夜拍时比较常用的组合是：ISO200，F11，1/200s。当然，这仅仅适用于用微距镜头以很近的距离拍摄两栖爬行动物或昆虫之类，如果以较远距离拍摄的话，该曝光组合就不适用。在以较远距离拍摄时，需适当提高感光度以及开大光圈，具体怎么做，需要在实践中积累经验。另外，在拍摄小动物时，务必记得要对焦在其眼睛上。

在溪流中拍蛙

用双头微距灯拍摄的大绿臭蛙，其眼睛里有较大面积的反光，看起来萌萌的夜拍需要熟练的布光、用光技巧。稍微复杂一点的，可以使用双灯进行拍摄：一支为主灯，装在单反相机的顶上；另一支为副灯，装在灵活小巧的“章鱼”三脚架上——这样可以在拍摄时，通过主灯无线引闪副灯的方式，为拍摄对象布光，营造比较立体的光线，如各种逆光、侧逆光的效果。另外，也可利用双头微距闪光灯进行拍摄。

夜走野外，“慢”了才安全

夜拍跟白天摄影完全不一样，最好先在白天勘察好地形，以免夜晚贸然进入陌生的地方发生意外。另外，夜探大自然，最好几个人一起去，互相之间也好有个照应。如果没有老手带着，新手不要贸然尝试独自到野外夜拍。

同时，夜拍者自身也得“全副武装”，不管天气多热，最好穿高帮雨靴、长袖衣服，把袖口扎紧，以严防蚂蟥、蚊虫以及毒蛇。夜间在

一位“全副武装”的美女摄影师在拍摄树蛙，镜头前使用了柔光设备

“章鱼”三脚架装着闪光灯
拍知了脱壳的“工作照”

朋友在竹林里拍摄毒蛇竹叶青

野外行走，最重要的是要记住一个字：慢。千万不要急，只有慢了才安全。具体来讲，未经确认，脚不要随便踩，手更不能随便搭上物体。因为，黑夜里藏着什么，你完全不知道。

蛇出没！夜拍防蛇须知

最后，尽管本书的文章中已多次提到跟蛇打交道的注意事项，但在这里我还是要不厌其烦地再重复一遍。

春夏的夜晚，到野外拍照很可能会遇到蛇。对夜探老手来说，蛇是让人兴奋的拍摄对象，但对新手来说，难免心中怕怕。不过，可以让大家放心的是，只要不打扰、侵犯它，蛇是不会主动攻击人的。

我们所要高度注意的是，很多毒蛇具有极好的保护色，当它静静地盘在某个角落的时候，不仔细看是很难发现它的。如果夜探者没有穿高帮雨靴，然后一不小心踩上它，则后果不堪设想。

还得告诉大家的是，千万不要光凭头部形状是否为三角形来判断它是否为毒蛇。这根本不靠谱。像竹叶青蛇、尖吻蝮、短尾蝮、原矛头蝮等毒蛇，其头部确实是三角形的；但是，像银环蛇、中华珊瑚蛇、舟山眼镜蛇等毒蛇的头部都是接近椭圆形的。而且，有的蛇具有拟态行为，比如无毒的黑背白环蛇，就长得非常像剧毒的银环蛇，对没有专业经验的人来说，这两种蛇在野外很难区分。

所以，在野外行走，首先要小心，避免无意中触碰到蛇；其次，一旦遇到蛇，不用想着去区分它是毒蛇还是无毒蛇，最好的方法就是一律“敬而远之”，不去招惹它。

后记

转眼又到一年秋天。去年秋天，我的“鸟书”《云中的风铃》出版；今年秋天，这本以蛙、蛇等夜间活动的小动物为主角的书——那就简称“蛙书”吧——又要面世了。近十几年来，我痴迷于自然摄影，拍鸟、拍蛙、拍野花……我享受着每一次探索、拍摄的过程，当初并没有想着写书、出版，而如今却似乎已开启了一年一本的出版节奏，想想也是件十分有趣的事。

或许，我是属于比较幸运的一类人。幸运之一，是我的家庭支持我，我可以尽量把社会习见搁置起来，坚持做自己想做的事，尽最大可能按照自己喜欢的生活方式来生活；幸运之二，是我的生活态度、我的“冷门”爱好慢慢（是比较慢，总有十年左右）引起了越来越多的人的共鸣与喜欢；幸运之三，是很多人用自己的方式支持我的个人爱好——当然，从本质上说，是支持一种与自然友好相处的态度。

有了以上种种幸运，才有了以下种种美好的坚持：一、在报社领导的一贯支持下，《宁波晚报》副刊上设立的“大山雀的博物旅行”个人专栏已持续了三年，所发表文章已超过 100 篇，成为深受读者喜爱的专栏，应该说，这样长期的博物专栏在国内报纸中是很少见的；二、经宁波市图书馆副馆长贺宇红提议，“大山雀自然学堂”开办了起来，从

2016 年 6 月至今，每月一期，我在图书馆与市民分享自然的故事，也很受读者欢迎；三、有一年半的时间，和女儿合作，为著名的青少年科普杂志《知识就是力量》的《自然笔记》专栏供稿，我负责写作，女儿则负责绘制博物插画；四、近三年来，我经常带孩子们去户外观察野生动植物，一起去博物旅行，感受自然的丰富与美好。

2017 年 11 月，作为宁波历史上第一部介绍本地鸟类的科普著作，《云中的风铃：宁波野鸟传奇》由宁波出版社出版，社会反响比我想象得还要好一些，尤其是这本书居然深受孩子们的喜欢，这更是我事先没有想到的。感谢宁波出版社对于乡土博物文化的重视，总编辑袁志坚与编辑徐飞两位老师鼓励我继续立足宁波本地，写更多与乡土自然有关的书，最好能在几年后形成一个关于“宁波自然笔记”的系列，涉及鸟类、两爬、野花、野果、昆虫等。这是一个宏大的工程，需要更多人的参与才能真正做好。我很乐意，也很荣幸，能作为其中的一份子参与其中，为发现乡土自然之美、保护乡土原生态，尽自己的力。我相信积累的力量，只要认真、持久地做下去，就没有理由做不好。

这本《夜遇记》，是对我七年（2012—2018 年）夜探自然经历的一个呈现。限于能力，我想写的——毋宁说是“我能写的”——不是一本非常严谨、专业的科学类书籍，跟我的“鸟书”一样，它依旧是一本注重自身的观察，风格偏向于自然文学的书。当然，这不是在为书中一定存在的谬误、不当之处辩护，因此还是恳切希望专家能指出不足之处，以便将来有机会改正。

最后说一段意想不到的“插曲”。书稿的写作一开始很顺利，谁知到了正文截稿（今年 8 月初）前的最后关头，我却突然被来势迅猛的头晕给击倒了。说起来也很离奇，2018 年 6 月 9 日这个周六的晚上，我还在四明山溪流里夜拍，身体没有任何不适。次日，即周日下午，我在家午睡，上床前也还好好的，谁知一觉醒来，当我起床时，忽然一阵天旋地转的强烈眩晕，迫使我又倒在了床上。此后几天，眩晕一直没有缓解，使我恶心、呕吐，别说出门上班，连在家里活动都很难受。我不明所以，心中难免惊慌。多次去宁波二院就医，做了脑部磁共振等各种检查，结果都说正常。后来，终于弄明白，其实我得了一种俗称“耳石症”的疾病，身体平衡系统出了点问题，才导致眩晕——这其中的道理，跟晕车有点类似。这并不是什么严重的疾病，有的患者通过对“耳石”的人工复位，很快就好了。我的症状还算轻的，因此并没有去做人工复位，甚至也没吃几次药。我的头晕，时而明显，时而缓解，在一个月后趋向稳定，不过一直到两个月后，仍有偶尔的头晕发生，只不过对日常生活已无多大影响。但是，在那段时间，头晕却极大地影响了我的写作，晚上赶稿时，我经常写一会儿就去平躺一会儿，躺一会儿再起来写，真是苦不堪言。

另外，此次头晕还导致了一个至少在今年已难以弥补的遗憾。那就是，我原计划在六七月间蛙类繁殖高峰时节，尽量多录一些蛙鸣的音频，以便以二维码之类的形式“嵌”入相关文章中，让读者看书时还可以通过手机扫描听到蛙鸣。可惜，由于长时间的头晕，我没法去野外夜录蛙鸣，这个计划只好暂时搁浅。

所幸，不管怎样，到 8 月初，我还是如期完成了 12 万字的书稿写作及图片整理工作。为此，我要感谢长久以来家人的辛劳付出，感谢同事们对我的理解与支持！

“鸟书”“蛙书”相继推出了，以后若干年，或许还会有关于乡土野花、野果、昆虫等方面的书。就像大家常说的：人要有梦想，说不定就实现了呢？更不用说，拥有蓝天碧水、生物多样的优良生态环境，实现人与自然和谐相处，这是每一个人的梦想。何不大家一起来做点事，共同去实现这个梦想呢？

2018 年 8 月 17 日

图书在版编目（CIP）数据

夜遇记 / 张海华著 ； 张可航绘图 . 一宁波 : 宁波出版社，
2018.11
ISBN 978-7-5526-3327-6

Ⅰ . ①夜… Ⅱ . ①张… ②张… Ⅲ . ①动物一普及读物
Ⅳ . ① Q95-49

中国版本图书馆 CIP 数据核字（2018）第 227703 号

夜遇记

张海华 著 张可航 绘图

出版发行 宁波出版社
地　　址 宁波市甬江大道 1 号宁波书城 8 号楼 6 楼
邮　　编 315040
联系电话 0574-87259609
网　　址 http://www.nbcbs.com
策　　划 徐 飞
责任编辑 徐 飞
装帧设计 马 力
责任校对 虞姬颖
印　　刷 宁波白云印刷有限公司
开　　本 710 毫米 ×990 毫米 1/16
印　　张 21.5
插　　页 2
字　　数 282 千
版　　次 2018 年 11 月第 1 版
2018 年 11 月第 1 次印刷
标准书号 ISBN 978-7-5526-3327-6
定　　价 79.00 元

本书若有倒装缺页影响阅读，请与出版社联系调换，电话：0574-87248279